AF361090

LES

MERVEILLES DE LA NATURE.

2ᵉ SÉRIE GRAND IN-8°.

Propriété des Éditeurs,

LES
MERVEILLES

DE

LA NATURE

MISES A LA PORTÉE DE LA JEUNESSE

PAR BERQUIN.

LIMOGES
Eugène ARDANT et C. THIBAUT
ÉDITEURS.

LES

MERVEILLES DE LA NATURE.

LA CAMPAGNE.

Nous voici donc enfin arrivées à la campagne, ma chère Charlotte ; et puisque nous sommes si bien disposées à faire ensemble de petites promenades pour fortifier notre santé par un exercice agréable, j'ai pensé qu'il serait facile de les faire servir également à étendre nos connaissances. Il n'est pas un seul objet sur la terre qui ne puisse offrir autant d'instruction que d'agrément, lorsqu'on sait l'examiner avec soin ; et je suis persuadée que nous sentirons bientôt, par nos observations, que rien n'a été fait en vain dans la nature.

Henri, votre frère, n'est encore qu'un bien petit garçon, il est vrai ; mais il est plein d'intelligence, et doué d'une heureuse mémoire. J'espère qu'il sera en état de comprendre beaucoup de choses dont nous aurons occasion de parler ; c'est pourquoi j'ai le projet de le mettre de la partie. Oh ! je meurs d'envie de le voir aujourd'hui. Il vient de quitter les premiers habillements de l'enfance, et j'ose croire qu'il est déjà tout fier de cette métamorphose. Mais qui vient donc à nous ? — Votre servante, Monsieur. — Comment, c'est vous, Henri ?. Comme vous voilà leste et pimpant ! Je ne pouvais deviner quel était ce petit-maître que je voyais s'avancer d'un air si délibéré. Maintenant que vous êtes habillé comme un homme, je me flatte que vous commencez à imaginer que vous en êtes un en effet. Mais quoique vous sachiez déjà lire assez joliment, fouetter une toupie et pousser une balle, je vous assure qu'il vous reste encore beaucoup de choses à apprendre. Je serai charmée de vous faire part de tout ce que je sais. Nous allons, votre sœur et moi, faire un petit tour de promenade dans les champs. Seriez-vous fâché de venir avec nous ? Bon ! je vois à votre mine que vous ne demandez pas mieux, n'est-ce pas ?

Vous vous souvenez, mes chers enfants, que, dans notre petite course d'hier au soir, je vous fis observer une grande variété de plantes et de fleurs. Je vous montrai les troupeaux qui couvraient les pâturages, et les oiseaux qui voltigeaient de branche en branche sur les buissons. Je vous dis le nom de tout ce qui frappait nos regards. Mais il y a un plus grand

nombre de choses agréables à connaître à leur sujet.
Mon dessein est de commencer à vous instruire aujourd'hui, tout en nous promenant. Charlotte va se
disposer à cette expédition; ainsi, prenez votre cha-
peau, mon petit Henri. Nous irons d'abord dans la
prairie, où je suis sûre qu'il se présentera bientôt
quelque chose digne de notre curiosité.

LA PRAIRIE.

Eh bien! mes petits amis, qu'en dites-vous? N'est-
ce pas un endroit charmant? Quel air de fraîcheur
on y respire! Comme l'herbe en est épaisse et verdoyante! et de combien de jolies fleurs elle est
émaillée!

Je n'ai pas besoin de vous dire quel est l'usage de
cette herbe qu'on appelle ordinairement gazon; vous
avez vu si souvent les vaches, les chevaux et les
brebis s'en repaître! mais ils ne la mangent pas
toute sur la prairie; on leur réserve certains quartiers pour le pâturage, et on les éloigne des autres
aussitôt que l'herbe commence à grandir. Elle n'atteint sa parfaite maturité qu'au mois de juin, ce que
l'on reconnaît par la couleur jaune qu'elle prend.
Alors les faucheurs la coupent avec un instrument
de fer recourbé qu'on nomme une faux; ensuite
viennent des faneurs qui la tournent et la retour-
nent avec des fourches de bois, en l'étalant sur la

terre pour la faire sécher au soleil. Elle prend alors
le nom de foin. Dès que le foin a perdu toute son
humidité, et qu'il n'y a plus de danger qu'il s'é-
chauffe, on le ramasse avec des râteaux, et on l'emporte sur des chariots dans la cour de la ferme, où
il est entassé en grands monceaux qu'on appelle
meules.

C'est de ces meules énormes que l'on tire le foin
pour le lier en milliers de bottes, et le donner aux
chevaux que l'on tient à l'écurie. Il sert aussi dans
l'hiver à nourrir les troupeaux ; car alors il y a bien
peu de gazon pour eux sur la terre, et encore moins
lorsqu'elle est couverte de neige. Tout cela vient de
petites graines qui ne sont pas plus grosses que des
têtes d'épingles, et les graines sont venues des fleurs
que vous pouvez remarquer à présent à l'extrémité
de la tige.

Dans une prairie où l'on fauche le foin, il se détache toujours un grand nombre de graines qui,
l'année suivante, produisent le gazon; mais si l'on
veut faire une prairie dans une pièce de terre neuve,
il faut recueillir les graines pour les semer.

Ces jolies fleurs dont vous venez de faire un bouquet, Charlotte, viennent également de graines qui
se trouvaient mêlées parmi celles du foin. Voilà des
boutons d'or, des coquelicots et des marguerites de
pré. Ces fleurs sont bonnes pour les troupeaux, et
servent à donner un goût agréable au gazon. Il y en

a même qui sont médicinales, c'est-à-dire bonnes
à composer des remèdes pour une infinité de maladies auxquelles nous sommes sujets.

Ne pensez-vous pas, Henri, que le gazon, dont la
douce verdure embellit tant les campagnes, est en
même temps une production bien utile? Je suis sûre
que les pauvres troupeaux le diraient encore mieux
que nous, s'ils étaient en état de parler. Ils n'ont pas
de cuisinier pour préparer leurs repas; ils ne peuvent pas même faire comprendre ce qui leur est nécessaire. Mais Dieu a su pourvoir à leurs besoins.
Vous voyez que leur nourriture s'étend sous leurs
pieds, et qu'ils n'ont qu'à se baisser pour la prendre. S'il en coûte à l'homme des soins légers pour
la faire venir, c'est bien le moins qu'il donne quelques-uns de ses moments à ces utiles animaux, dont
les uns lui épargnent tant de fatigues, et dont les
autres le vêtissent de leur laine et le nourrissent de
leur chair.

LE CHAMP DE BLÉ.

Maintenant nous allons prendre congé de la prairie, et faire un tour dans le champ de blé. Il y en a
de plusieurs espèces.

Celui-ci est du froment. Je le reconnais à la hauteur de ses tiges. J'espère que nous en aurons une
abondante récolte. Elle sera bonne à ramasser dans

le mois d'août, qu'on appelle le mois des moissons.
J'ai mis dans ma poche un épi de l'année dernière,
pour vous montrer tout ce que ceci produira. Frois-
sez-le dans vos mains, Henri. Bon! soufflez à présent les barbes, et donnez-moi un des grains. Voilà
ce qu'on appelle un grain de froment. Vous voyez
qu'il y a plusieurs grains dans un épi? Eh bien! regardez maintenant le pied, vous verrez qu'il vient
quelquefois plusieurs tiges, et par conséquent plusieurs épis d'une seule racine; et cependant toute
cette racine provient d'un seul grain qu'on a semé à
la fin de l'automne.

Cette semence n'a pas été jetée au hasard, et sans
beaucoup de soins particuliers. On avait commencé
par ouvrir la terre en sillons, quelques mois aupa-
ravant, avec ce fer tranchant que je vous ai fait remarquer au-dessous de la charrue. Elle est restée en
repos tout l'été, et s'est bien pénétrée du fumier
qu'on avait répandu sur les guérets pour l'engraisser; puis on l'a de nouveau labourée. Enfin, vers le
milieu de l'automne, un homme est venu dans chaque sillon y répandre des grains, et tout de suite,
avec sa herse, il les a recouverts de terre. Ces grains
étant enflés et ramollis par l'humidité, il en est sorti
en bas de petites racines qui se sont accrochées dans
le sein de la terre, et par en haut de petits tuyaux
qui ont percé sa surface en plusieurs branches, de la
manière que vous pouvez le remarquer. Ces tuyaux,

montés en haute tige, ont produit les épis, dont chacun renferme à peu près vingt grains; en sorte que si vous comptez, d'après ce calcul, tout le produit des grains dont la semence a réussi, vous trouverez qu'il peut en être venu environ vingt fois autant que l'on en a mis dans la terre. Les épis, cachés encore dans ces tiges, se développeront peu à peu, se mûriront au soleil, et ressembleront à celui que vous venez de froisser. Alors on coupera par le pied, avec une faucille, les tiges de paille qui les supportent, et on les liera en paquets appelés gerbes, pour les emporter dans la grange, les battre avec un fléau, et les vanner, pour séparer les débris de paille du grain. On enverra celui-ci au meunier pour le moudre en farine sous la grosse meule de son moulin à eau ou à vent. Ensuite la farine sera vendue au boulanger pour en faire du pain, et au pâtissier pour en faire des biscuits et des pâtés.

Imaginez, mes amis, quelle immense quantité de blé on doit semer tous les ans, pour fournir du pain à tant de milliers d'hommes! Le pain est l'aliment le plus sain et le moins cher qu'on puisse se procurer. Il y a beaucoup de pauvres gens qui n'ont guère d'autre nourriture, et qui n'en ont pas toujours.

Le blé ne viendrait pas, comme le foin, sans être ensemencé, parce que le grain en est plus gros, et doit être enfoncé plus profondément dans la terre. Je vous ai dit tout-à-l'heure les divers travaux que demandaient les semailles.

Voici une autre espèce de blé qu'on appelle de l'orge. Je vous en ai aussi apporté un épi, pour vous la faire distinguer du froment. Voyez-vous comme il a des barbes longues et fourrées? Gardez-vous bien, Henri, de le mettre dans la bouche, car il s'arrêterait à votre gosier et vous étoufferait. L'orge est semée et recueillie de la même manière que le froment; mais elle ne fait pas de si bon pain. Elle est cependant fort utile. Les fermiers la vendent par boisseaux aux marchands de drêche, qui la font tremper dans l'eau pour la faire germer. Alors on la sèche sur de la cendre chaude, et elle devient drêche. On y verse une grande quantité d'eau, puis on y mêle du houblon, qui lui donne un goût agréable d'amertume, et l'empêche de s'aigrir. Enfin, en brassant ce mélange, on en fait de la bière, cette liqueur forte et nourrissante qui fait la boisson ordinaire dans plusieurs pays où il ne croît pas de vignes. L'orge est aussi fort bonne pour nourrir les dindes, les poules et d'autres oiseaux de basse-cour.

Je vous ai parlé du houblon. Il croît dans les champs qu'on appelle houblonnières. Sa tige monte le long des perches qu'on lui donne pour la soutenir. Ses fleurs, d'un jaune pâle, font un effet charmant dans la campagne. Quand il est mûr, on le sèche, on en fait des monceaux, et on le vend aux brasseurs.

Cette troisième espèce de blé est de l'avoine. Vous

avez vu souvent le palefrenier en servir aux chevaux
pour les régaler et leur donner du feu. C'est une
espèce de dessert qu'on leur présente après le foin.

Il y a aussi une autre espèce de blé qu'on nomme
seigle, qui sert à faire le pain bis que mangent les
pauvres. On le mêle quelquefois avec du froment,
et il donne alors du pain d'un goût assez bon.

Il y a bien des pays qui ne produisent pas de blé
pareil à celui qui vient dans nos contrées. Par exemple, le blé qu'on nous a apporté de Turquie est bien
différent du nôtre. Sa tige est comme celle d'un ro-
seau avec plusieurs nœuds. Elle monte à la hauteur
de quatre ou cinq pieds. Entre les jointures du haut
de sa tige sortent des épis de la grosseur de votre
bras, qui renferment un grand nombre de grains
jaunes ou rougeâtres, à peu près de la figure d'un
pois aplati. La volaille en est très friande. On le cultive avec succès dans quelques provinces de France,
surtout dans les landes de Bordeaux, où il sert à faire
du pain pour les misérables habitants.

Vous connaissez aussi bien que moi le millet que
l'on donne aux oiseaux. Il vient en forme de grappes,
sur des tiges plus courtes et plus menues que celles
du froment. La farine en est excellente, cuite avec
du lait.

Je vous ferais venir l'eau à la bouche si je vous
parlais du riz, que l'on prépare aussi avec du lait.

Mais croiriez-vous qu'il a besoin d'être presque couvert d'eau pour croître et pour mûrir?

Dans les pays où la terre n'est pas propre à produire du grain, les pauvres habitants sont réduits à se nourrir de fruits, de racines, de gâteaux de pommes de terre, d'une pâte de marrons cuits au four. On est même quelquefois obligé, dans les pays les plus fertiles, d'avoir recours à ces tristes aliments, lorsqu'il survient des années de stérilité. Deux bons citoyens, MM. Parmentier et Cadet de Vaux, ont enseigné la meilleure manière de les préparer.

Quelles grâces, mes enfants, nous devons rendre à Dieu, nous qui n'avons jamais éprouvé ces cruels besoins! J'espère que vous serez touchés de cette réflexion, et que vous vous ferez un devoir de ne jamais gaspiller ce qui ferait la joie de tant de malheureux. Les miettes mêmes que vous laissez tomber, si elles étaient ramassées, pourraient fournir un bon repas à un petit oiseau, et le rendre joyeux pour toute la journée. Comme il s'empresserait de les partager entre ses petits, qui ouvrent inutilement leurs becs, tandis que leurs parents volent au loin pour leur chercher quelque nourriture! J'étais bien fâchée hier au soir contre vous, Henri, lorsque vous faisiez des boulettes de pain pour les jeter à votre sœur. J'ose croire que vous ne le ferez plus, maintenant que je vous ai fait connaître le prix de ce présent inestimable du ciel. J'ai vu des personnes qui

avaient prodigalement gâté du pain pendant leur
enfance, pleurer dans un âge avancé, faute d'en
avoir un morceau.

LA VIGNE.

Vous avez bu quelquefois du vin de Champagne et
de Bourgogne, sans vous embarrasser de la manière
dont il se faisait. Entrons dans ce vignoble. Eh bien !
Henri, croiriez-vous jamais que c'est de ces petites
souches tortues que nous vient la douce liqueur qui
nous fait tant de plaisir dans nos repas? Vous connaissez le raisin? Voyez déjà la grappe qui commence
à se former. Ces grains, qui ne sont encore que du
verjus, s'enfleront peu à peu, et seront mûrs au
commencement de l'automne. Vous en verrez faire
la récolte, qu'on appelle vendange; mais je suis bien
aise, en attendant, de vous en donner une idée.

Dès le matin, les vendangeuses se répandent dans
la vigne, coupent le raisin, et en remplissent leurs
paniers. Un homme vient les prendre à mesure qu'ils
sont pleins, et va les jeter dans de larges demi-ton-
neaux, placés sur une charrette pour les recevoir,
et les porter à un endroit où des hommes foulent les
grappes sous leurs pieds. On recueille la liqueur qui
découle du pressoir, et on la verse dans de grandes
cuves ou de petits tonneaux, où elle se purifie d'elle-
même en fermentant, jusqu'à ce qu'elle devienne
bonne à boire.

Le temps des vendanges est un temps continuel de plaisirs et de fêtes. Aussi sont-elles probablement cause que les mois de septembre et d'octobre ont été choisis pour mois de vacances dans toutes les écoles.

Le vin, pris avec modération, est très bon pour l'estomac, et le fortifie; mais, lorsqu'on en boit avec excès, il produit des vapeurs qui troublent la raison, et rabaissent l'homme au niveau de la brute stupide. Vous avez vu quelquefois des ivrognes, et vous vous souvenez encore de la juste horreur qu'ils vous ont inspirée.

LES LÉGUMES ET LES HERBAGES.

Voudriez-vous me suivre pour voir ce qui croît dans le champ voisin? Je crois que ce sont des navets. En effet, je ne me suis pas trompée. Cette racine, lorsqu'elle est cuite avec du mouton, fait, comme vous le savez, d'excellents ragoûts. On en sème une grande quantité chaque année pour notre table; on en donne aussi aux vaches pour ménager le foin, et parce que d'ailleurs elle leur fait porter une grande abondance de lait.

Les pommes de terre, les raves, les ognons, les radis, les carottes, les panais, et plusieurs autres légumes que vous connaissez à merveille, croissent, comme les navets, sous terre. D'autres, tels que les artichauts, les pois, les fèves, les lentilles et les haricots, croissent au-dessus. Vous en cultivez vous-mêmes dans votre petit jardin; ainsi ce serait plutôt à moi de recevoir vos instructions sur ce chapitre.

Je crois aussi n'avoir rien à vous apprendre sur les herbages et les plantes qui viennent dans le potager, comme les choux, les choux-fleurs, les asperges, les laitues, la chicorée, les melons, les concombres, les citrouilles, et une infinité d'herbes agréables au goût, et très bonnes pour la santé. Tout cela se cultive sous vos yeux, et par les questions que je vous ai déjà entendu faire à Mathurin, je vous suppose complètement instruits sur cet article.

LE CHANVRE ET LE LIN.

Voyez-vous là-bas ces deux grandes pièces de terre couvertes d'une si belle verdure? L'une est du chanvre, l'autre est du lin. Les tiges de ces plantes, après qu'elles ont été battues et bien préparées, forment la filasse que vous avez vu filer à la vieille Suzon. Le fil de chanvre sert à faire le linge de corps et de ménage. Le fil de lin, qui est d'une plus belle qualité, se réserve pour la toile de batiste. On l'emploie aussi pour faire de la dentelle et du filet. Votre fourreau, Charlotte, votre chemise et vos manchettes, Henri, croissaient autrefois dans les champs.

J'oubliais de vous dire que la filasse de chanvre sert encore pour toute espèce de câbles, de cordes et de ficelles.

On a essayé, en quelques endroits, de tirer parti de ces vilaines orties qui piquent si bien les passants, et l'on en fait un fil grossier, mais très fort, qui pourrait servir à faire des toiles communes.

LE COTON.

Au défaut de ces plantes, on cultive le coton dans quelques îles de l'Amérique, et surtout dans les grandes Indes. C'est d'abord un duvet léger qui entoure les graines d'un arbre appelé arbre à coton. Le fruit qui les renferme en plusieurs petites loges est à peu près de la grosseur d'une noix, et s'ouvre en mûrissant. Alors on le recueille, et le coton, séparé des graines et du fruit, devient, après quelques préparations, cette espèce de filasse douce et blanche dont vous m'avez vu mettre quelquefois de petits tampons dans mes oreilles et dans mon écrin. La partie la plus grossière se file en gros brins pour les mèches de nos lampes et de nos bougies. Le reste, filé en brins presque aussi déliés que vos cheveux, s'emploie pour la fabrique des mousselines et des toiles de coton.

Vous voyez, mes chers amis, quelle variété de matériaux nous a fournis la Providence, et comme le génie de l'homme a su les employer à des objets d'agrément ou d'utilité. L'écorce même des arbres, par un travail et une adresse incroyables, se convertit

en étoffes précieuses sous les doigts de ces sauvages
qui nous paraissent si ignorants. Je me souviens de
vous avoir montré des ouvrages en plumes et en réseau dont ils se parent dans leurs fêtes, et combien
nous avons admiré leur patience et la légèreté de
leur travail.

LES HAIES.

Ne sentez-vous pas une odeur bien douce? Regardez à travers la haie, Henri, et voyez si vous pourrez découvrir ce qui la produit. Ah! Charlotte,
quelles jolies roses sauvages votre frère vient de
cueillir! Comment donc? un brin d'aubépine aussi!
Ce brin est bien précieux! C'est peut-être le seul
qu'on pourrait trouver, car tout le reste a passé fleur.
Quel charme, au printemps, de respirer des parfums
délicieux jusque sur les buissons et sur les ronces!
Ces plaisirs viennent de passer pour nous; mais ceux
des petits oiseaux vont commencer. Ils trouveron.
bientôt dans ces broussailles des fruits pour se nourrir jusqu'au milieu de l'hiver.

Le fermier plante des haies autour de son domaine
pour empêcher les voyageurs et les animaux d'aller
au travers de ses champs, où ils pourraient causer
beaucoup de dommage. Elles lui servent aussi à distinguer sa terre de celle de son voisin Les troupeaux
y trouvent dans l'été un ombrage contre les ardeurs

du midi, et dans l'hiver un abri contre le souffle glacé du nord.

LES ARBRES DE HAUTE FUTAIE.

Le beau chêne que voilà, mes amis! comme son ombrage s'étend à propos pour nous garantir des traits du soleil! Voyez quel nombre infini de glands attachés à ses branches! Vous savez bien quel est l'animal qui se régale de ce fruit! Mais ne pensez pas que le chêne majestueux ne soit bon à autre chose qu'à lui fournir des provisions. Il est d'un plus grand usage pour nous, ainsi que je vous le dirai tout-à-l'heure. Mais laissez-moi d'abord contempler un moment cet arbre superbe; je ne puis me rassasier de le voir. Avec quelle fierté sa tête s'élève dans les airs! Et sa tige! trois hommes, en se tenant par la main, ne sauraient l'embrasser. Il pousse chaque année des milliers de rameaux et des millions de feuilles. Il a de grandes racines qui s'enfoncent bien avant dans la terre, et qui s'étendent au loin autour de lui. Elles le soutiennent contre les violentes tempêtes que son front est obligé d'essuyer. C'est aussi par ses racines que la terre le nourrit, et entretient la fraîcheur et la vie dans tous ses membres énormes.

Eh bien! Henri, n'est-ce pas une chose bien admirable que ce grand arbre soit sorti d'une petite semence! Regardez, en voici un tout jeune. Il est si

petit, Charlotte, que vous aurez la force de l'arra-
cher vous-même. Tenez, voyez-vous! voilà le gland
encore attaché à sa racine. C'est pourtant ainsi que
sont venus tous les arbres qui peuplent cette belle
forêt que nous traversâmes l'autre jour dans notre
voyage. Ce chêne seul, si tous ses glands avaient été
recueillis chaque année, et plantés avec soin, aurait
déjà pu suffire à couvrir de ses petits-enfants la surface entière de la terre.

Lorsque le chêne ou les autres arbres qu'on appelle aussi de haute futaie, tels que le chêne, l'orme,
le hêtre, le sapin, le châtaignier, le noyer, etc., seront parvenus au terme de leur croissance, un bû-
cheron viendra les couper par le pied avec sa co-
gnée. On dépouillera le tronc de ses branches, et les
scieurs le scieront en différents morceaux, pour en
faire des madriers propres à la construction des vaisseaux, des poutres pour les maisons, ou des planches
pour les uns et les autres, ainsi que pour différentes
sortes de meubles et de machines. Les grosses branches, les plus droites, seront pour les solives; celles
qui sont crochues, pour les bûches; les branchages,
pour les fagots; enfin les racines donneront les souches que l'on brûle dans nos foyers.

Vous voyez par là de quelle utilité les arbres sont
pour nous dans toutes leurs parties. Le pauvre
Henri les trouverait bien à dire, car les toupies, les
sabots, les battoirs, sont tirés de leur sein. Il n'est

pas même jusqu'à leur écorce dont on sait faire un usage utile pour les teintures, et pour tanner le cuir de vos souliers.

Un autre avantage de ces arbres, c'est qu'ils croissent d'eux-mêmes, sans demander aucun soin, et qu'ils nous donnent pour rien l'aspect de leur belle verdure et la fraîcheur de leur ombrage. Voyez comme les petits oiseaux se reposent en chantant sur leurs branches ! combien ils doivent être contents, la nuit, de trouver un abri sous leurs feuilles ! Nous-mêmes, si une pluie abondante venait à tomber, ne serions-nous pas bien heureux de nous y mettre à couvert ? pourvu cependant qu'il n'y eût pas d'apparence d'orage ; car dans les orages les arbres attirent quelquefois le tonnerre : ce qui rend alors leur approche très dangereuse.

Lorsqu'il y a plusieurs arbres rassemblés sur une vaste étendue de terrain, cet endroit s'appelle bois ou forêt. Si cet endroit est fermé de murailles et dépend d'un château, ou l'appelle parc. Les bosquets ou bocages sont de petites forêts.

LES BOIS TAILLIS.

Ces mêmes arbres dont nous venons de parler, lorsqu'on les coupe avant qu'ils soient parvenus à leur hauteur naturelle, forment ce qu'on appelle un bois taillis. Ce sont ordinairement les rejetons qui

poussent sur les vieilles racines dans une forêt que
l'on vient d'abattre. On les coupe après cinq ou sept
ans, les uns pour le chauffage, les autres pour servir
d'échalas à la vigne, ou pour en faire les cercles des
cuves et des tonneaux. Cette récolte, qui peut se
faire de cinq en cinq ans, s'appelle coupe réglée.

LE VERGER.

Outre ces arbres, il en est d'autres nommés arbres
fruitiers. Je parierais avec confiance que nous aurons
plus de plaisir encore à nous en entretenir. Entrons
dans le verger.

Voilà les fruits qui grossissent. Ce serait vous
faire injure que de vouloir vous les faire connaître.
Si petits que vous soyez, je pense que personne au
monde ne distingue mieux que vous les poires, les
pommes, les pêches, les cerises, les prunes, les
abricots et les brugnons. Les arbres étendus en éventail contre la muraille s'appellent, comme vous savez, espaliers, et les autres, arbres à plein vent.
Les premiers rapportent plus sûrement, et de plus
beaux fruits, parce que, dans les gelées, on peut les
couvrir avec des nattes de paille, et que la muraille,
échauffée par le soleil, avance leur maturité. Les
seconds passent pour avoir leur fruit d'un goût plus
fin et plus délicat. Ne souhaiteriez-vous pas, Henri,
qu'il fût déjà mûr? Patience; il le sera bientôt, et

vous en mangerez tant qu'il vous plaira dans le temps. Mais gardez-vous bien d'y toucher tant qu'il est vert, car il vous rendrait malade peut-être pour toute l'année.

Vous vous rappelez, mes chers amis, combien les arbres à fruits paraissaient beaux, il y a trois semaines, lorsqu'ils étaient en pleine fleur? Les fleurs sont maintenant passées, et les fruits croissent à la place. Ils deviendront plus gros de jour en jour, jusqu'à ce que la chaleur du soleil les colore et les mûrisse ; et alors ils seront bons à cueillir.

Les pommes et les poires peuvent se garder dans leur état naturel pendant tout l'hiver; mais les autres fruits tournent bientôt en pourriture, et il faudrait renoncer à en manger après leur saison, si l'on n'avait trouvé le moyen de les conserver en les faisant sécher au four, ou en les mettant dans de l'eau-de-vie, ou enfin en les faisant bouillir avec un sirop composé d'eau et de sucre. C'est de cette dernière façon que l'on fait les marmelades et les gelées qu'on trouve si bonnes dans l'hiver, et surtout dans les maladies.

Il y a quelques fruits renfermés en de dures coquilles, comme les noix, les amandes, les noisettes, les châtaignes, etc. Vous les connaissez aussi bien que les arbres qui les portent, mais vous ne connaissez pas un autre arbre de la même espèce, parce qu'il ne vient pas dans ce pays : c'est le cocotier. Il

est très haut et fort droit, sans branches ni feuillages
autour de sa tige. Seulement, vers le sommet, il pousse
une douzaine de feuilles très larges, dont les Indiens
se servent pour couvrir leurs maisons, pour faire des
nattes et pour d'autres usages. Entre les feuilles et
l'extrémité de sa pointe il sort quelques rameaux de
la grosseur de mon bras, auxquels on fait une incision, et qui répandent par cette blessure une liqueur très agréable dont on fait l'arack. Ces rameaux
portent une grosse grappe, ou paquet de cocos, au
nombre de dix à douze.

Cet arbre rapporte trois fois l'année, et son fruit,
dont vous avez goûté l'autre jour, est aussi gros que
la tête d'un homme. Il en est dont le fruit n'est pas
plus gros que votre poing, et qui sert, entre autres
usages, à faire des cuillers à punch.

Il y a aussi une espèce d'amande appelée cacao,
qui vient dans les Indes occidentales et au midi de
l'Amérique. L'arbre qui la produit ressemble un
peu à notre cerisier. Chaque cosse renferme une ving-
taine de ces amandes, de la grosseur d'une fève,
dont on fait le chocolat, avec d'autres ingrédients.
Le meilleur cacao nous vient de Caraque, dont il
porte le nom.

LES PÉPINIÈRES ET LA GREFFE.

Les arbres ont généralement trois manières de se

reproduire : par les graines, pepins ou noyaux cachés dans l'intérieur de leur fruit, par les petits rejetons pris sur leurs vieilles racines, ou par les boutures coupées de leurs branches, et plantées en terre pour s'y enraciner.

L'endroit où l'on rassemble ces élèves, la douce espérance du jardin, s'appelle pépinière. C'est comme un collége pour les enfants des arbres, où l'on veille sur leur croissance, et où l'on s'étudie à les préserver de mauvais penchants.

Les jeunes arbres, qu'on nomme sauvageons, ne porteraient que de mauvais fruits, si l'on n'avait soin de les greffer. Voici comme on s'y prend. On coupe d'abord le haut de leur tige, pour les empêcher de s'élever davantage; puis un peu au-dessous, des deux côtés, on fait une petite incision à l'écorce, et dans cette ouverture on glisse un bourgeon pris d'un autre arbre, avec une petite partie de son écorce, pour remplir le vide qu'on a fait dans celle du sauvageon. On les lie étroitement ensemble, et l'on recouvre la blessure de mousse, pour empêcher l'air d'y pénétrer. Le bourgeon, recevant sa nourriture de l'arbre, s'unit avec lui, et il pousse bientôt des branches qui, s'étendant de tous côtés, forment la tête de l'arbre, et portent des fruits exquis.

Cette opération, l'une des plus curieuses du jardinage, se varie de plusieurs manières. J'aurai soin de parler à Mathurin, pour le prier de la faire en votre présence.

LES FLEURS.

Charlotte, si vous n'êtes pas fatiguée, nous irons voir nos fleurs. Pour Henri, c'est un homme, et il lui siérait mal de se plaindre. Je pense même qu'il serait en état de se tenir sur ses pieds du matin au soir. Venez, Monsieur, prenez la clef du jardin, et ouvrez la porte. Voici, je crois, l'endroit le plus agréable que nous ayons jamais vu.

Quel est l'objet qui va d'abord captiver nos regards? Que sais-je? il se trouve ici une si grande variété de beautés, que l'on hésite à laquelle donner la préférence. Vous admiriez les fleurs des champs; mais celles-ci les surpassent encore.

Regardez ces tulipes, ces giroflées, ces œillets, ces jonquilles, ces jacinthes et ces renoncules. La blancheur de ce lis ou de cette tubéreuse efface celle de la plus belle batiste. Prenez la plus petite fleur : en la regardant de près, vous la trouverez aussi jolie et aussi curieuse que les plus grandes. N'oublions pas surtout la modeste violette, la première fille du printemps. Charlotte, cueillez-moi, je vous prie, une de ces roses à cent feuilles. C'est bien avec raison que pour son doux parfum et sa couleur brillante on la nomme la reine des fleurs. Joignez-y quelques brins de lilas, de jasmin, de muguet et de chèvrefeuille. Quel agréable mélange de douces

odeurs dans un si petit bouquet! Je ne vous permet-
trai pas d'en cueillir davantage; ce serait une pitié
de les gâter. Le jardinier nous en a apporté ce matin
pour parer notre appartement. Elles se conserveront
par la fraîcheur de l'eau qui baigne leurs tiges, au
lieu que la chaleur de vos mains les aurait bientôt
fanées.

Avez-vous pris garde que chaque fleur a des feuilles différentes de celles des autres; que quelques-
unes sont bigarrées de toutes les couleurs que vous
pouvez nommer, et découpées en festons les plus
délicats? En un mot, leurs beautés sont trop multi-
pliées pour qu'on puisse vous les compter. Quand
vous serez en état de lire les ouvrages d'histoire naturelle, vous serez étonnés de tout ce qu'elles offrent d'admirable. Mais vous êtes trop jeunes pour
pouvoir comprendre ces livres à présent. Cependant
je ne dois pas omettre de vous dire que toutes les
fleurs viennent ou de graines ou d'ognons, ou de petites racines détachées des grandes, ce qu'on appelle
marcottes.

Aucune de celles qui croissent ici ne viendrait à
l'aventure dans les champs, parce que la terre n'y
est pas assez riche pour elles. Il faut prendre beaucoup de peine pour les faire venir, même dans un
jardin. Le jardinier est obligé de leur donner des
soins continuels. Il faut surtout qu'il n'oublie pas de
les arroser chaque jour. La terre et l'eau sont pour

les fleurs ce que la viande et le vin sont pour les hommes. Mais comme elles sont muettes et attachées à une place, elles ne peuvent aller chercher des rafraîchissements, ni les demander. Le Créateur a pourvu à leurs besoins par les douces ondées du printemps, ou le jardinier qu'il instruit répand sur elles, avec son arrosoir, une pluie bienfaisante.

On élève plusieurs plantes curieuses dans des serres chaudes. Elles ne croîtraient pas en plein air dans ce pays, parce qu'elles sont transplantées de pays étrangers où il fait beaucoup plus chaud. Quoique vous soyez d'une constitution plus robuste que les fleurs, si vous étiez obligés d'aller dans un pays où le froid est beaucoup plus vif que dans celui-ci, vous ne seriez pas en état de le supporter comme ceux qui sont nés sous ces climats.

LES CARRIÈRES.

De ce que je viens de vous dire, mes chers amis, vous devez conclure qu'il y a une grande variété dans ce qui croît sur la surface de la terre; mais quelle serait votre admiration si vous connaissiez tout ce qu'elle renferme au-dessous ! C'est de son sein qu'on a tiré les grès qui pavent nos rues et nos grands chemins, et ce joli gravier d'un jaune rougeâtre répandu sur les allées pour en bannir l'humidité, et faire un contraste agréable avec le vert tendre de la

charmille. La porcelaine et la faïence de notre buf-
fet; la poterie commune, d'un si grand usage dans
la cuisine; les briques dont nos appartements sont
carrelés; les tuiles qui couvrent nos toits; tout cela
n'est que de la terre, d'une pâte plus ou moins fine,
pétrie et cuite au four. Nos verres et nos bouteilles,
les vitrages de nos fenêtres, sont du sable fondu.
Vous avez vu quelquefois dans vos promenades bâtir des maisons? Eh bien! la chaux, le mortier, le
plâtre, le ciment qu'on a mis entre les pierres pour
les lier ensemble et les affermir, venaient du sein de
la terre : ces pierres elles-mêmes, entassées les unes
sur les autres jusqu'à une si grande élévation au-
dessus de nos têtes, étaient ensevelies à de grandes
profondeurs sous nos pieds. Il en est de même du
marbre qui pare nos consoles et nos cheminées, et de
l'ardoise qui couvre nos pavillons. Les endroits creusés pour en retirer ces divers matériaux s'appellent
carrières.

MINES DE CHARBON ET DE SEL.

Il est des pays où, en creusant à certaines profondeurs, on trouve dans une espèce de carrière appelée mine le charbon de terre que vous avez vu souvent à la porte du serrurier notre voisin. Il n'est
guère d'usage à Paris que pour les forges; mais il
sert dans plusieurs provinces de France, ainsi que

dans des royaumes entiers, à faire le feu de la cuisine et celui des appartements.

Le charbon de bois ne vient point dans la terre; mais il s'y fait dans de grandes fosses, où l'on jette du bois pour le faire brûler. Lorsqu'il est bien enflammé, on le couvre afin de l'éteindre avant qu'il soit au point de se réduire en cendres.

Il est aussi des mines de différentes espèces de sel, qu'il est utile de vous nommer encore. Je ne vous parlerai que du sel commun. En quelques endroits le sel de ces mines est si dur qu'on peut le tailler comme le marbre et en faire des statues. Ce qu'il y a de singulier, c'est que le feu le fait fondre encore plus vite que l'eau. Le sel nous vient plus communément de l'eau de mer qu'on fait entrer dans une espèce de bassin peu profond et qu'on laisse évaporer au soleil. Quand l'eau est toute évaporée, le sel reste en croûte dans ces bassins, qu'on appelle salines.

MINES DE MÉTAUX.

Je ne vous ai pas dit la moitié des richesses qui se trouvent dans les entrailles de la terre : on en tire l'or, l'argent, le cuivre, le fer, le plomb et l'étain. C'est ce qu'on appelle métaux.

Regardez ma montre; elle est d'or, ainsi que les louis, les doubles louis, et les demi-louis. On peut battre l'or, et l'étendre en feuilles plus minces que le papier. L'espagnolette de mes croisées, les sculptures de mon salon, les chenets de mon foyer, ne sont pas d'or, quoique vous ayez pu l'imaginer; on n'a fait que les couvrir de ces feuilles d'or légères. L'or est le plus précieux de tous les métaux.

L'argent, quoique inférieur à l'or, est cependant très estimé. Cet écu et ces petites pièces de monnaie sont d'argent. On l'emploie aussi pour les flambeaux, la vaisselle plate et une infinité d'autres ustensiles dont les gens riches font usage. L'argent couvert d'une feuille d'or s'appelle vermeil.

Le cuivre sert à faire les sous, les centimes et toute la basse monnaie. On l'emploie aussi ordinairement pour faire nos poêlons, nos casseroles et nos chaudières. Mais l'usage en serait très dangereux si l'on n'avait pas la précaution de les doubler d'étain en dedans; ce qu'on appelle étamer.

Le fer est le métal le plus commun, mais le plus utile. La plupart des instruments dont on se sert pour la culture de la terre et pour les différents métiers sont de fer. L'acier est une espèce de fer raffiné et purifié dans la trempe par le mélange de quelques ingrédients. Les couteaux, les rasoirs, les aiguilles, sont d'acier.

Le plomb est aussi d'un très grand usage. Vous savez combien il est pesant. On en fait des réservoirs pour contenir l'eau, des tuyaux pour l'amener des sources, des gouttières pour ramasser la pluie qui dégoutte des toits, et la conduire hors de la maison. On en fait aussi des poids pour les balances, les tourne-broches et les horloges.

L'étain est un métal blanchâtre plus mou que l'argent, mais plus dur que le plomb. Il sert à faire des bassins, des écuelles, des assiettes et des cuillers pour les gens qui n'ont pas le moyen d'en avoir d'argent.

Tous ces différents métaux se trouvent en mines dans la terre. On y trouve aussi ce qu'on appelle demi-métaux, tels que le vif-argent, dont on couvre le derrière des miroirs, le zinc, l'antimoine, etc., que l'on mêle avec les métaux, pour en faire des métaux composés, comme le laiton, le bronze, etc.

MINES DE PIERRES PRÉCIEUSES.

C'est encore dans la terre que l'on trouve les pierres précieuses, telles que le diamant qui est proprement sans couleur, le rubis qui est rouge, l'émeraude qui est verte, le saphir qui est bleu. Je ne vous parle que des principales, parce que le détail en serait trop long. Elles ne paraissent point si brillantes lorsqu'on les tire de la mine. Il faut autant de patience que de travail pour les tailler et les polir. Regardez les diamants de cette bague : vous voyez qu'ils sont taillés à plusieurs facettes : c'est afin que la lumière, se réfléchissant d'un plus grand nombre de points, leur donne plus d'éclat.

Il est une espèce de caillou que l'on taille aussi en forme de diamant, pour en garnir des boucles et des colliers; mais il est bien loin d'avoir le même feu. On le reconnaît à sa transparence plus terne. C'est ce qu'on appelle pierres fausses.

Vous voyez, mes amis, qu'il n'est pas une seule chose qui ne puisse servir à satisfaire agréablement notre curiosité, lorsqu'on sait l'examiner avec attention. Quelle folie de se plaindre de n'avoir rien pour se divertir, lorsqu'on peut trouver de l'amusement dans tous les objets de la nature! Mais si vous êtes fatigués, je pense que vous devez avoir faim ; et je crains que notre dîner ne se refroidisse. Ainsi hâtons-nous de gagner la maison. Je vous ai dit assez pour occuper votre mémoire jusqu'à demain, où je me propose de faire avec vous une autre promenade.

LES BŒUFS.

Bonjour, Charlotte; je ne vous attendais pas de si bonne heure. Je me flatte, par cet empressement, que mes instructions d'hier vous furent agréables. Avez-vous vu Henri, ce matin? Allons voir s'il est levé. — Comment, petit paresseux, n'avez-vous pas honte d'être encore au lit? La matinée est charmante. Votre sœur et moi, nous voulons en profiter pour faire une petite promenade. Si vous désirez être de la partie, il n'y a pas de temps à perdre. — Fort bien; vous voilà prêt. Faites votre prière, et partons.

Ne vois-je pas là-bas la laitière qui trait les vaches? Comme ces pauvres animaux paraissent joyeux en paissant dans la verte prairie! J'imagine que l'herbe leur est aussi agréable que les confitures le seraient pour vous. Voyez de quels bons vêtements ils sont pourvus! Comme ils ne peuvent pas s'en faire eux-mêmes, la nature leur en a donné qu'ils portent sur le dos dès leur naissance, et qui grandissent avec eux.

Tous les animaux qui, comme ceux-ci, ont quatre pieds, s'appellent quadrupèdes. Ils ne se tiennent point debout. Cette posture grotesque avec quatre jambes leur serait en même temps incommode, parce que leur nourriture est attachée à la terre, et qu'ils seraient à tout moment obligés de se baisser pour la prendre; ce qui les fatiguerait terriblement. D'un autre côté, s'ils n'avaient que deux jambes, ils ne pourraient guère mouvoir leurs corps, beaucoup plus pesants que les nôtres. Vous voyez de quelle dure corne leurs pieds sont armés. Sans cette chaussure naturelle, ils seraient bientôt déchirés jusqu'au sang. Les grandes cornes pointues qu'ils ont sur la tête leur servent de défense contre ceux qui voudraient les attaquer.

Savez-vous de quelle grande utilité sont pour nous les vaches et les bœufs? je vais vous le dire. Ne courez pas, Henri; voyez comme votre sœur est attentive!

Les vaches, ainsi que vous le voyez, donnent du lait en grande quantité. Il sert à faire de la crême, du beurre et du fromage. On le met pour cela reposer dans de grandes jattes. Quelques heures après, la crême épaissie s'élève au-dessus. On tire cette couche avec de grandes cuillers, et il s'en forme bientôt une seconde que l'on tire de même. Lorsqu'on l'a recueillie, on la met dans une espèce de petit tonneau, qu'on appelle baratte, et on la remue fortement avec un battoir passé dans le trou du tonneau, jusqu'à ce que, à force de s'épaissir, elle devienne du beurre. Le reste est du lait de beurre, qui est très bon pour les enfants.

Le fromage mou et toutes les autres espèces de fromage se font également avec du lait. Je vous mènerai quelque jour dans la laiterie, pour être témoins de ces différentes préparations.

Remarquez bien ce superbe taureau : c'est le bœuf le plus vigoureux de la troupe, et le père de tous ces petits veaux qui tétaient encore leur mère il y a quelques jours, et qui commencent à présent à paître auprès d'elles.

Mais d'où vient ce nuage de poussière sur le grand chemin? Ah! c'est un troupeau de bœufs qui passe.

N'en soyez point effrayée, Charlotte. Remarquez comme ils souffrent patiemment qu'on les pousse à coups d'aiguillon. Un seul homme suffit à les gouverner, tant ils sont dociles! Il va les conduire au marché, où les bouchers les attendent pour les acheter. Lorsqu'ils seront tués, leur chair sera vendue à nos cuisinières pour notre dîner, et leurs peaux seront vendues aux tanneurs, qui en feront du cuir nécessaire aux cordonniers pour les souliers et les bottes, et aux selliers pour les selles, les brides et les harnais. Leurs cornes mêmes ne seront pas inutiles. On en fera des peignes et des lanternes.

Il est des pays où les bœufs n'ont rien à faire qu'à s'engraisser paisiblement, pour être conduits ensuite à la boucherie. En d'autres endroits, leur vie est aussi laborieuse que celle du cheval. On ne monte pas, il est vrai, sur leur dos; mais on en joint deux ensemble de front, on leur attache autour des cornes, avec de fortes courroies, le timon d'une charrette ou d'un traîneau, ou le joug d'une charrue; et on les voit tirer avec force les fardeaux les plus lourds, et labourer profondément la terre la plus dure.

LES BREBIS.

Regardez ces innocentes brebis, avec ce fier bélier à leur tête, et ces jolis agneaux à leur côté. Quelle paisible famille! Douces créatures, vous êtes pourvues de bons habits. Ils vous seront d'un grand secours dans l'hiver et dans les nuits fraîches, où vous êtes obligées de coucher à la belle étoile, au milieu des champs. Mais ils vous donneraient trop de chaleur dans l'été. Eh bien ! ne craignez pas ; on trouvera le moyen de vous en débarrasser sans vous faire souffrir. Aussitôt que les chaleurs étouffantes seront venues, le fermier vous réunira toutes ensemble dans la prairie. Alors de jeunes bergères viendront, avec de larges ciseaux, vous délivrer adroitement du poids incommode de votre toison. Vous sortirez de leurs mains plus légères, et vous courrez sautant et bondissant comme de petits garçons qui ôtent leurs habits pour jouer dans la campagne.

La laine des brebis et des moutons est très précieuse. On la vend aux cardeurs, qui la dégraissent ; et les pauvres femmes, qui vivent dans les chaumières, la filent. N'avez-vous pas vu l'honnête Gothon, assise devant la porte, chanter de vieilles romances en tournant son rouet, heureuse de penser qu'on la paierait assez bien pour l'empêcher de demander l'aumône ?

Lorsque la laine est filée, puis tordue, les bonnetiers en font des bonnets ou des bas, et les tisserands en font des étoffes pour nos vêtements, ou des couvertures pour nos lits dans l'hiver.

Les pauvres moutons ne seraient pas si fringants s'ils savaient qu'ils doivent être, comme les bœufs, vendus aux bouchers. Ne pensez-vous pas qu'il est cruel de tuer ces innocentes créatures? En effet, mes enfants, c'est une pitié. Mais si l'on n'en tuait pas quelques-uns, il y en aurait bientôt un si grand nombre, qu'ils ne sauraient trouver assez d'herbage pour subsister, et que plusieurs par conséquent seraient réduits à mourir de faim. Du moins, tant qu'ils vivent, ils sont aussi heureux qu'ils peuvent l'être. Ils ont de belles pâtures pour s'y nourrir et y jouer. En marchant à la boucherie, ils ne savent pas encore ce qu'on va leur faire. Lorsqu'on leur coupe la gorge, ils ne sont pas longtemps à mourir, et en expirant ils n'ont pas le chagrin de laisser après eux des parents qui s'affligent ou qui souffrent de leur perte.

Nous sommes obligés de les tuer pour soutenir notre vie; mais nous ne devons jamais être cruels envers eux tant qu'ils sont vivants.

La peau de mouton sert à faire le parchemin qui couvre votre tambour, Henri, et la basane qui couvre votre livre, Charlotte.

LE CHEVAL.

On conduit aussi les chevaux au marché pour les vendre, non pas aux bouchers, mais aux maquignons qui les dressent. Leur chair n'est bonne à rien; elle ne sert qu'à rassasier les loups et les corbeaux. Le cheval est une noble créature.

En voilà un de selle. Voyez comme il se dresse et comme il bondit, maintenant qu'il est en liberté! Mais quoiqu'il soit très vigoureux, qu'il puisse renverser celui qui le monte en s'élevant sur ses pieds de derrière, et le tuer d'une ruade, il est si doux qu'il se laisse monter et guider où l'on veut. Son corps étant moins lourd que celui du bœuf, il a les jambes plus menues, en sorte qu'il se meut plus légèrement; et sa croupe étant moins large, un homme peut l'embrasser entre ses genoux. Il a aussi de la corne aux pieds; mais, comme il est grand voyageur, elle serait bientôt usée, si l'on n'avait le soin de lui donner des souliers de fer pour empêcher qu'elle ne se brise. C'est le maréchal qui fait sa chaussure, et qui la lui attache avec des clous. Cette opération, faite avec adresse, ne lui cause aucune douleur.

Ne souhaiteriez-vous pas, Henri, de savoir monter à cheval? Lorsque vous serez plus grand, on vous apprendra cet utile exercice. Mais gardez-vous bien de l'essayer avant d'en avoir reçu des leçons; cette épreuve pourrait vous coûter la vie.

Il y avait un petit garçon de ma connaissance qui brûlait d'envie de monter à cheval, et qui n'eut pas la patience d'attendre que son papa lui eût acheté un joli petit bidet proportionné à sa taille. Il vit un jour le cheval du domestique attaché à la porte. Le voilà qui détache la bride, grimpe sur la selle, et donne à son coursier un grand coup de baguette. Le cheval part aussitôt au galop, et l'emporte avec tant de vitesse que le pauvre petit malheureux, incapable de retenir la bride et d'atteindre jusqu'aux étriers, perdit bientôt la selle, et fut renversé contre une pierre qui lui fracassa tout le crâne. Le cheval n'était pourtant point vicieux lorsqu'il avait un cavalier habile sur son dos; tout le mal venait de ce que le petit insensé ne savait pas le conduire.

Ces deux grands chevaux rebondis, d'une taille haute et d'une superbe encolure, sont destinés pour le carrosse. Ils sont plus forts, mais moins légers que l'autre. Ceux-ci, avec leurs jambes velues et leur crin négligé, sont des chevaux de charrette. Il y a une autre espèce de chevaux très fins et très légers : ils portent leurs maîtres à la chasse, ou sont réservés pour les courses; mais ils sont très coûteux à entretenir.

Nous ne saurions faire à pied un long voyage, parce que nos jambes seraient bientôt fatiguées; au lieu que sur le dos d'un cheval nous pouvons parcourir bien des lieues, et voir nos amis qui vivent à une certaine distance de notre maison. Il est aussi fort agréable d'aller en voiture, vous le savez bien : mais ces plaisirs, nous ne pourrions pas nous les procurer sans les chevaux. Comment nous passer aussi de leur secours dans une infinité d'autres circonstances? Il serait excessivement pénible pour les hommes les plus vigoureux de faire ce que les chevaux ordinaires font avec facilité. Le pauvre laboureur, qui suit tout le long du jour sa charrue, est bien fatigué le soir, lorsqu'il rentre dans sa chaumière. Que serait-ce donc s'il était obligé de la traîner lui-même à travers son champ, sur la terre dure et raboteuse? Comment les voituriers seraient-ils en état de tirer ces grands fourgons et ces lourdes charrettes qu'ils conduisent, s'ils n'y employaient la force des chevaux? Puisqu'ils nous rendent de si grands services, ne devons-nous pas les bien traiter? Je crois que le moins que nous puissions faire est de leur donner dans le jour une bonne nourriture, et une écurie bien close la nuit. Gardons-nous bien d'imiter ces personnes barbares qui les poussent trop rudement à la course, qui leur donnent des coups de fouet et d'éperon, jusqu'à ce qu'ils soient près de mourir. Cependant de pareilles cruautés sont exercées chaque jour. Souvenez-vous bien, Henri, qu'il est également cruel et insensé d'agir de cette manière.

L'ANE.

Voilà un pauvre âne. Il fait une figure bien triste auprès d'une aussi belle créature que le cheval. Ne le méprisez pourtant pas à cause de sa mine : il a un grand mérite, je vous assure. Il est aussi patient qu'officieux, et il n'en coûte que bien peu pour le

nourrir. Il se contente de quelques chardons qu'il
broute le long des chemins, ou même de quelques
feuilles sèches et d'un peu de son. Il ne demande ni
écurie pour le loger, ni palefrenier pour le panser ; en
sorte que les pauvres gens qui ne sont pas en état de
nourrir un cheval peuvent avoir un âne. Il tirera fort
bien sa petite charrette, ou portera sa paire de paniers. Il ne dédaignera pas même de prêter son dos
à un ramoneur. N'avez-vous pas vu de ces petits Savoyards aux dents blanches et à la face noircie, grim-
pés sur un âne avec des sacs de suie, qu'ils portent
aux teinturiers?

Je ne dois pas oublier de vous dire que le lait d'â-
nesse est un des meilleurs remèdes pour les maladies de poitrine. J'ai vu des personnes si faibles qu'on
les croyait condamnées à mourir, reprendre à vue
d'œil leur santé pour en avoir bu le matin pendant
quelque temps. Ne serait-il pas affreux de traiter
avec inhumanité des animaux si utiles? Je ne par-
donnerai, je crois, de ma vie, à un petit polisson que
j'ai vu tourmenter une de ces pauvres créatures de
la manière la plus cruelle.

LE CHIEN.

Laissez-moi regarder à ma montre. Ho! ho! huit
heures passées. Il est temps de retourner à la maison pour déjeuner. Voilà Champagne qui venait

nous avertir. Médor est avec lui. Vous êtes bien content de nous trouver, n'est-ce pas, Médor? Nous sommes aussi bien aises de vous voir, je vous assure. Vous êtes un brave et fidèle compagnon. Voyez comme il remue sa queue, et comme il frétille! il nous regarde d'un air si joyeux que l'on croirait démêler un sourire sur sa physionomie. Dans le temps où nous sommes au lit et profondément endormis, Médor fait sentinelle, et ne permet pas aux voleurs d'approcher de la maison. Lorsque votre papa est à la chasse, Médor court d'un côté et d'autre à travers les champs, et fait lever le gibier, pour que votre papa le tire. Quoiqu'il soit très courageux et qu'il exposât sa vie pour son maître si l'on osait l'attaquer, il est d'un si bon naturel qu'il laisse les petits enfants jouer avec lui sans les mordre, pourvu cependant qu'ils ne lui fassent pas de mal.

Le brave Médor ne demande d'autre récompense de ses services que de petites caresses, une légère nourriture, et la permission de nous accompagner quelquefois dans nos promenades. Il mérite bien notre attachement par celui qu'il nous témoigne : aussi a-t-il été de tout temps le symbole de la fidélité.

LE CERF.

Voulez-vous traverser le petit parc en retournant à la maison? J'en ai heureusement la clef. Voyez,

Henri, ce beau cerf, avec ces cornes rameuses!
N'admirez-vous pas sa taille légère avec son air noble et fier? Voyez là-bas ces petits faons qui bondis-
sent! Si leste que vous soyez, je parie que vous ne
pourriez jamais cabrioler comme eux.

Cette espèce d'animaux n'est entretenue que par
ceux qui ont des parcs fermés de hautes murailles.
Ils aiment trop l'indépendance pour s'arrêter dans
les champs comme les vaches et les brebis.

Les grands seigneurs prennent souvent plaisir à
chasser le cerf. Ils le lâchent hors du parc, et détachent à ses trousses une meute nombreuse de chiens.
Leurs aboiements furieux, les cris et le son du cor
des piqueurs qui les guident, le saisissent d'une telle
épouvante qu'il se sauve devant eux de toute la vitesse de ses jambes agiles. Les chasseurs, montés
sur des chevaux dressés à cet exercice, se mêlent
aussi à la poursuite ; ils sont si animés dans leur
course, qu'ils sautent au-dessus des haies et à travers
les fossés pour l'atteindre. Il les conduit quelquefois
dans un circuit immense ; mais enfin ses jambes fatiguées refusent de le porter au loin. On le voit hale-
tant de lassitude et de frayeur s'arrêter tout-à-coup
et menacer de ses cornes les chiens dont il est as-
sailli. Après un long combat, ceux-ci le saisissent,
le déchirent, jusqu'à ce qu'il meure.

Je suppose qu'il y a du plaisir à le suivre et à voir
la légèreté de sa course ; mais je pense qu'il faudrait

laisser la pauvre créature retourner dans sa demeure, pour la dédommager de la terreur qu'elle doit avoir éprouvée, et la payer de l'amusement qu'elle a procuré.

Ces mêmes personnes s'amusent aussi quelquefois à chasser le lièvre. Elles vont dans les champs avec leurs chiens, qui découvrent bientôt son gîte, quelque adroit qu'il soit à se cacher. Lorsqu'il se voit en danger d'être saisi, il s'élance et court avec toute la légèreté dont il est pourvu, pratiquant dans sa fuite plusieurs ruses pour se sauver. Mais toutes ces ruses sont inutiles. Il succombe enfin d'épuisement, et subit le même sort que le cerf, ou périt sous les traits du chasseur.

Je ne sais quel est le plaisir de la chasse, Henri ; mais je souffrirais tant pour la pauvre bête effarouchée, que ce sentiment détruirait toute ma jouissance. Il me semble que j'aurais encore plus de joie d'en sauver un de sa détresse.

Maintenant, allons prendre notre déjeuner. Je crois que cette promenade vous le fera trouver bon. Il n'est rien comme l'air et l'exercice pour aiguiser l'appétit.

LE CHAT.

Tandis que nous déjeunons, j'ai quelques nouvelles à vous dire, Charlotte. Votre favorite Minette a

eu des petits. Ils sont ici dans un panier. Appelez-la
pour laper un peu de lait, et alors nous pourrons les
regarder à notre aise. Entendez comme ils miaulent
et comme ils tremblottent. Ils ne peuvent pas y voir
encore; mais dans neuf jours leurs yeux seront ouverts; et alors ils commenceront à faire mille tours
de souplesse. Lorsque leur mère leur aura appris à
attraper les souris, elle les laissera pourvoir eux-mêmes à leur subsistance; et au lieu de se donner la
moindre inquiétude à leur sujet, elle leur allongera
un bon coup de patte sur le museau, s'ils osaient
prendre des libertés avec elle. Mais elle sera une
bonne mère pour eux aussi longtemps qu'ils auront
besoin de ses secours. Il n'ont pas droit de prétendre
qu'elle leur attrape des souris pendant toute leur
vie, lorsqu'ils seront aussi adroits qu'elle à la
chasse.

Les souris sont de jolies petites créatures; mais
elles font beaucoup de dommage, aussi bien que les
rats. Si nous n'avions pas de chats pour les détruire,
nous en serions bientôt désolés.

LE LION.

Le lion est généralement reconnu comme le roi
des animaux. Cette suprématie date de ces temps où
la force, le courage et les moyens de répandre au
loin la terreur et l'effroi étaient regardés comme les

qualités par excellence. Si, comme cela devrait être, l'on eût donné la palme à la douceur, à l'intelligence, la souveraineté des forêts appartiendrait de plein droit à l'éléphant, dont l'instinct s'approche de la raison. Cependant on ne peut disconvenir que, de tous les quadrupèdes carnassiers, le lion, par sa construction et par ses mœurs, a les plus justes droits à la dignité qu'on s'est plu à lui accorder. Il n'est pas, comme beaucoup d'autres individus de son espèce, avide de carnage ; il est sobre, généreux, et même susceptible d'attachement.

Le lion est originaire de l'Afrique et de l'Asie. Il a quelquefois de six à neuf pieds de long, mais le plus souvent il ne dépasse pas la moitié de cette longueur. Il pousse très loin sa carrière : on connaît des lions qui ont vécu près de soixante et dix ans.

Il a l'air imposant, le regard fier, la démarche noble, une voix terrible : il offre dans tout son ensemble une admirable et savante proportion. Sa force est telle que d'un seul coup de pied il brise les reins du cheval, et qu'il terrasse l'homme le plus robuste d'un coup de queue; son agilité ne cède en rien à sa vigueur.

Sa large tête est ombragée d'une épaisse crinière; ses yeux sont étincelants, farouches, et sa langue armée de pointes qui ressemblent aux griffes du chat. Le poil de la partie postérieure de son corps est court

et soyeux; sa couleur est, en général, d'un jaune
pâle sur un fond blanc.

Le rugissement du lion a un tel éclat que, lorsque
dans la nuit il résonne au milieu des montagnes, il
ressemble à un tonnerre qui gronde dans le lointain.
Ce rugissement est un frémissement creux et profond : dans ses accès de rage, il a un autre cri non
moins effrayant, mais court, coupé et réitéré, qu'il
fait toujours entendre quand il trouve de la résistance. Rien n'est plus terrible que le lion lorsqu'il
rassemble toutes ses armes pour le combat. Il se bat
les flancs de sa longue queue; sa crinière se dresse,
se hérisse et enveloppe entièrement sa tête; tous
ses muscles sont en mouvement; ses énormes sour-
cils ne couvrent qu'à demi sa prunelle étincelante;
il découvre ses dents et sa langue redoutable, et il
allonge ses griffes, qui ont presque la longueur du
doigt. Ainsi préparé à la guerre, son approche gla-
cerait d'effroi le plus hardi des hommes. A l'exception de l'éléphant, du rhinocéros, du tigre et de l'hip-
popotame, aucun autre animal n'oserait se mesurer
avec lui, et lui disputer l'empire absolu de la forêt.

La lionne est, dans toutes ses dimensions, près
d'un tiers au-dessous du lion, et n'est pas comme
lui parée d'une crinière. Quoique moins forte, et en
général moins farouche que le lion, elle le surpasse
en férocité quand il s'agit de pourvoir à la subsistance de sa jeune famille. Sa portée est de cinq mois :

elle met ordinairement bas dans les endroits les plus écartés; dans la crainte que l'on ne découvre sa retraite, elle fait disparaître ses traces en balayant le sol de sa queue. Dans un danger pressant, elle change de demeure. Si on l'arrête, elle défend ses jeunes avec un courage déterminé, et combat jusqu'à la dernière extrémité. Les jeunes, ordinairement au nombre de cinq, au moment de leur naissance sont de la taille d'un petit chien; ils sont doux, mignons et folâtres. La mère les nourrit pendant douze mois, et ils n'ont pris leur entière croissance qu'au bout de cinq ans. Dans l'état de captivité, la lionne ne produit jamais plus de deux lionceaux.

LE TIGRE.

Si la beauté seule donnait la supériorité, le tigre, que les anciens considéraient comme le paon des quadrupèdes, jouirait incontestablement du premier rang parmi les grands animaux. Mais cette beauté fait son seul mérite; et quand on a parlé de ses couleurs éclatantes, de sa souplesse, de son agilité, il ne reste plus rien à dire en sa faveur.

Il est plus grand que le lion, qu'il ne craint pas d'attaquer; mais il n'a aucune des nobles qualités de son rival. Il se plaît dans le carnage, et semble ne tuer que pour le plaisir de verser du sang. Il est d'une telle vigueur qu'il emporte un cheval ou un buffle, sans que la rapidité de sa course paraisse se ressentir d'un tel poids. On l'a même vu enlever d'une fondrière un buffle que plusieurs hommes réunis n'avaient pu seulement soulever.

La manière dont il attaque sa proie consiste ordinairement à se cacher et à s'élancer soudainement sur sa victime. L'on prétend que s'il manque son coup, ou qu'il rencontre quelque obstacle inattendu, il se retire sans faire un nouvel essai.

Il exprime son ressentiment de la même manière que le lion : faisant mouvoir la peau de sa face, grinçant les dents, et criant dans les tons les plus effroyables. Sa voix diffère cependant de celle du lion; c'est plutôt un cri qu'un rugissement : on le dit affreux lorsqu'il s'élance sur sa proie.

La femelle produit quatre ou cinq jeunes à la fois; si on les lui enlève, elle poursuit les ravisseurs avec une rage inconcevable. Ceux-ci, pour en sauver une partie, lui en lâchent ordinairement un qu'elle emporte précipitamment dans son antre, puis revient à leur poursuite; ils lui en lâchent alors un second; et tandis qu'elle se sauve avec lui, ils parviennent ordinairement à s'échapper avec le reste.

Les îles marécageuses de l'Inde et du Gange renferment un grand nombre de tigres; ils sont aussi fort communs sur les bords de l'Arabie et dans quelques autres parties de l'Asie orientale. Leur fourrure est très estimée dans tout l'Orient : elle est moins recherchée en Europe, où on lui préfère celle de la panthère et du léopard.

LA PANTHÈRE.

La panthère ressemble au tigre par ses mœurs et au léopard par sa robe. Comme le tigre, elle est toujours altérée de sang, et d'une férocité indomptable ; comme le léopard, sa robe est mouchetée, mais avec moins d'élégance. La panthère a ordinairement cinq ou six pieds de long, non compris la queue, qui est longue de plus de deux pieds. Son poil est court et velouté ; sa robe est d'un jaune clair, élégamment mouchetée de taches blanches disposées en cercles de quatre ou cinq, avec une seule tache dans le centre. Vers la poitrine et sous le ventre, elle est blanche ; elle a les oreilles courtes et pointues, les yeux farouches et continuellement agités, un cri fort désagréable, et l'aspect sauvage.

Ses mouvements sont si rapides que peu d'animaux peuvent lui échapper. Elle est d'une telle agilité que les arbres ne sauraient l'arrêter dans la poursuite de sa proie, et qu'elle est pour ainsi dire sûre de s'emparer de sa victime. La chair des animaux passe pour faire sa nourriture favorite ; mais lorsqu'elle est pressée par la faim, elle attaque l'homme sans distinction.

Il paraît que du temps des Romains les panthères
étaient fort communes; aujourd'hui l'espèce s'étend
depuis la Barbarie jusqu'aux côtes les plus reculées
de la Guinée.

LE LÉOPARD.

Cet animal a près de quatre pieds de long, non
compris la queue, qui est ordinairement de deux
pieds et demi. Sa robe est bien plus belle que celle
de la panthère; elle est d'un jaune plus brillant, et
les taches ne sont pas disposées en cercles, mais en
groupes de quatre ou cinq points, qui offrent une
grande ressemblance avec les traces que les pieds
des animaux impriment sur le sable. Le léopard se
plaît dans les forêts, et n'épargne pas plus l'homme
que les bêtes. Il est originaire du Sénégal, de la Guinée et des parties intérieures de l'Afrique. On le rencontre aussi dans quelques parties de la Chine, et
dans les montagnes du Caucase, depuis la Perse jusque dans l'Inde.

L'ONCE.

L'once est d'une taille plus petite que la panthère,
et dépasse rarement trois pieds et demi de longueur.
Son poil cependant est plus long que celui de la panthère; il en est de même de sa queue. La partie su-

périeure de son corps est d'une teinte blanchâtre, la
partie inférieure d'un gris cendré; il est partout mou-
cheté d'un grand nombre de taches blanches irrégu-
lières. Ses dents et ses griffes sont aiguës.

L'once habite la Barbarie, la Perse, l'Hyrcanie et
la Chine. Les Orientaux le domptent et l'exercent à
la chasse du lion et de l'antilope. Il ne lui faut que
cinq ou six bonds pour s'assurer de sa proie.

La panthère, le léopard et l'once étaient ancienne-
ment consacrés à Bacchus.

LE LYNX.

Le lynx habite les parties les plus septentrionales
de l'Europe, de l'Asie et de l'Amérique; il a quatre
pieds de longueur : la queue, bien moins longue que
dans la panthère, n'a guère plus de six pouces de
long. Il a les oreilles droites avec un pinceau de longs
poils noirs au bout. Vers la partie supérieure du
corps, sa robe est d'un vert pâle tirant sur le rouge,
et mouchetée de petits points d'un brun sombre :
sous le ventre il est blanc. Il grimpe sur les arbres
les plus élevés de la forêt, et s'y tient caché entre
les branches pour épier la belette, l'hermine, l'écureuil, etc. Il commet de grands dégâts parmi les
troupeaux, et détruit fréquemment un grand nombre
de lièvres et de bêtes fauves. Sa vue est tellement
perçante que les anciens lui attribuaient la faculté de

voir à travers les pierres des murs ; mais on ne peut
dire s'il distingue sa proie à une distance beaucoup
plus grande que tout autre carnivore.

LE SERVAL.

Le serval est un joli quadrupède, mais sauvage et
vorace. Il ressemble à la panthère par sa robe mouchetée, et au lynx par sa courte queue, par sa taille
et par ses formes fortement dessinées. On le voit rarement à terre ; il se tient constamment sur les arbres. Il se nourrit principalement d'oiseaux : il
saute à leur poursuite d'arbre en arbre avec toute la
souplesse de l'écureuil. Il est originaire des montagnes de l'Inde.

LE CHAT SAUVAGE.

Le chat sauvage ne serait pas mal nommé le tigre
anglais. C'est le plus féroce et le plus destructif de
nos animaux. Sa tête est plus large, ses cuisses sont
plus fortes que celles du chat domestique, qu'il surpasse d'ailleurs pour la taille. La longueur du poil le
fait paraître plus grand et plus gros qu'il n'est en
effet. Sa couleur est d'un jaune pâle, verdâtre,
nuancé de bandes sombres ; celles du dos vont en
sens longitudinal, et celles des côtés en sens trans-
versal et dans une direction courbe. La queue est

coupée en anneaux cendrés. On le trouve dans les parties montagneuses de l'Ecosse et de l'Irlande, et dans les forêts qui bordent les lacs de l'Angleterre septentrionale. Il est dangereux pour les chasseurs de ne pas le tuer du premier coup. S'il n'est que légèrement blessé, il devient un agresseur redoutable, et ses assaillants payent souvent fort cher leur maladroite intrépidité. La femelle met ordinairement bas quatre petits à la fois.

L'ÉLÉPHANT.

L'éléphant est le plus grand des animaux qui vivent sur la terre. Sa force est prodigieuse ; mais son naturel est très doux, et il se laisse aisément gouverner par la voix de l'homme.

Il porte sur le museau une grande masse de chair qu'on appelle trompe, parce qu'elle est creuse et allongée comme une trompette. Il l'étend et la recourbe de mille manières, et s'en sert comme d'une espèce de main pour prendre sa nourriture et la porter à sa gueule. Il la manie avec tant d'adresse qu'il parvient à déboucher une bouteille, et ramasser à terre la moindre pièce de monnaie. Elle est assez forte pour soulever de grosses pierres et déraciner des arbres.

Nous lisons dans l'histoire que c'était autrefois l'usage d'employer les éléphants dans les batailles.

Ils portaient sur leur dos de petites tours de bois remplies de soldats, qui, de cette hauteur, lançaient au loin des traits et des javelots. Quand le combat s'animait, l'éléphant, harcelé par l'ennemi, entrait en fureur, enfonçait les rangs, et écrasait sous ses pieds tous ceux qui osaient lui disputer le passage.

Voudriez-vous monter sur un éléphant, Henri? Certes vous y feriez une aussi belle figure que la poupée de Charlotte sur un grand cheval.

Les dents de l'éléphant ont quelquefois plus de dix pieds de longueur. Ce sont elles qui nous fournissent tout l'ivoire employé à faire quelques-uns de vos bijoux, vos peignes, le manche de votre couteau, et une infinité d'autres ustensiles.

LE RHINOCÉROS.

Le rhinocéros est originaire de l'Inde, de Ceylan, de Java, de Sumatra, et de quelques parties de l'Ethiopie.

Il a ordinairement près de douze pieds de long, presque autant de diamètre, et cinq à sept pieds de haut. Aucun animal n'est aussi singulièrement construit. Sa tête est pourvue d'une corne dure et solide, qui s'avance depuis le mufle, et a quelquefois trois pieds de long. Sans cette difformité, cette partie ressemblerait à la tête du porc.

Sa lèvre supérieure est d'une longueur disproportionnée ; elle est flexible et lui sert à ramasser ses aliments et à les porter dans sa gueule. Ses oreilles sont larges, droites et pointues ; ses yeux petits et perçants. Sa peau est nue, âpre, et excepté sous le ventre, recouverte d'une sorte de cuirasse tellement épaisse et dure, qu'elle résiste au tranchant du sabre et à la balle du fusil. Cette cuirasse est d'un brun sale, elle est étendue sur le corps en forme de lames, mais d'une manière toute particulière. Le ventre est tombant ; les jambes sont courtes, fortes et épaisses, et ses griffes sont partagées en trois parties, dont chacune s'avance en pointe.

La corne de cet animal est une arme redoutable, et placée de manière à faire des blessures mortelles. L'éléphant, le sanglier et le buffle ne peuvent porter leurs coups que de côté ; mais le rhinocéros peut, à chaque coup qu'il donne, user de toutes ses armes, circonstance qui le rend plus redoutable au tigre qu'aucun autre animal. Cependant, si on ne l'attaque pas, le rhinocéros est d'un naturel calme et paisible.

Il y a un animal de cette espèce, appelé rhinocéros à double corne, dont la peau diffère de celle du précédent : elle est moins dure ; et au lieu des plis larges et régulièrement dessinés du premier, elle est seulement plissée par de grosses rides au cou, aux épaules et à la croupe ; de manière qu'en la comparant à celle du rhinocéros ordinaire, elle pourrait passer pour très lisse et douce.

La différence principale cependant consiste dans le mufle, qui est fourni de deux cornes de différentes grandeurs; la plus petite est au-dessous de l'autre. Ils sont tous deux herbivores.

L'OURS.

Les trois espèce principales de la famille de l'ours sont celles de l'ours commun ou brun, de l'ours noir ou d'Amérique, et de l'ours blanc ou polonais. La première est la plus nombreuse et la plus répandue; on la rencontre dans différentes parties de l'Europe et dans les Indes Orientales.

L'ours brun est un animal solitaire. Il se tient dans les cavernes, les précipices, et choisit le plus souvent pour son gîte le tronc d'un arbre. Il passe plusieurs mois de l'hiver sans autres provisions que les restes de sa chasse pendant l'été. La femelle met ordinairement bas dans la cavité d'un roc, et ne produit qu'en hiver.

L'ours noir est commun dans les parties septentrionales de l'Amérique, d'où il fait de fréquentes excursions vers le sud, à la recherche de sa subsistance. Ils se retirent ordinairement dans le tronc d'un vieux cyprès. Les chasseurs ont recours au feu pour les chasser de leur gîte. Le vieux se montre le premier, et reçoit les premiers coups; les jeunes, à mesure qu'ils s'avancent, sont pris dans les piéges, et on les emmène ou on les tue. Les pieds et les jarrets passent pour une chair exquise.

L'ours blanc, ou de Groënland, diffère beaucoup des deux précédents dans les dimensions de son corps; et quoiqu'il conserve la forme extérieure de l'espèce méridionale, sa taille est trois fois plus haute. Il atteint souvent près de douze pieds de long : sa férocité répond à sa grosseur. On l'a vu attaquer un matelot et le dévorer en présence de ses camarades. Il vit principalement de poisson, de veau marin et de baleine morte. Il s'éloigne rarement des côtes; cependant les glaçons le transportent quelquefois en pleine mer, et le promènent jusque vers l'Islande, où il n'est pas plus tôt arrivé que les naturels s'empressent de l'accueillir les armes à la main.

LE CHAMEAU.

Le chameau est une autre grande créature. Nous n'en avons point dans ce pays, si ce n'est ceux que l'on y amène à dessein de les montrer dans les rues pour de l'argent.

Au milieu des contrées où vivent les chameaux, il y a de vastes déserts sablonneux où l'on ne trouve ni une hôtellerie pour se reposer, ni même un arbre pour se mettre à l'abri des traits brûlants du soleil. Cependant les marchands sont dans la nécessité de traverser ces sables arides, pour porter les marchandises qu'ils veulent vendre d'une contrée à l'autre. Il leur serait impossible de traîner eux-mêmes de si lourdes charges; et les chevaux dont ils pourraient faire usage seraient réduits à périr de soif, parce qu'on ne trouve point d'eau sur la route. Le chameau se charge des fardeaux les plus pesants, les porte avec autant de patience que de légèreté, et ne demande point de rafraîchissement dans sa marche. Lorsqu'il est parvenu au terme du voyage, il s'agenouille de lui-même, afin que son maître puisse atteindre à la hauteur de son dos pour le décharger.

Je pourrais vous dire des choses étonnantes d'une quantité d'autres animaux; mais j'espère que vous aurez assez de curiosité pour vous instruire un jour, dans des livres d'histoire naturelle, de tout ce qui les concerne.

LE LOUP.

On trouve des loups dans presque toutes les parties tempérées et froides du globe. Ils étaient très nombreux en Angleterre, mais la race y est entièrement éteinte depuis longtemps : ce n'est cependant que vers la fin du dix-septième siècle que le dernier loup a été tué en Ecosse. Cet animal, depuis l'extrémité de son museau jusqu'à l'origine de sa queue, a près de trois pieds de long, et sa hauteur est d'environ deux pieds cinq pouces. Sa couleur offre un mélange de noir, de brun et de vert ; la cavité de l'œil est percée obliquement, l'orbite incliné.

La couleur de ses paupières est d'un vert clair, ce qui lui donne un air sauvage et effrayant. Le fumet du loup est si puant et sa chair si mauvaise, que tous les autres animaux la rebutent.

La nature a pourvu le loup de force, d'adresse, d'agilité, et de tout ce qui lui est nécessaire pour la poursuite, l'attaque et la conquête de sa proie. Il est naturellement lent et lâche ; mais quand il est poussé par la faim, il brave le danger, et ose venir attaquer les animaux qui sont sous la protection de l'homme, comme les brebis, les moutons, et même les chiens.

Tourmenté par une faim excessive, il exerce de grands ravages. Il attaque les femmes, les enfants, quelquefois même il ose se jeter sur l'homme : ses violents et continuels efforts ajoutent à sa fureur, et il termine sa vie dans des accès de rage.

Le temps de la gestation est d'environ quatorze semaines ; la louve produit ordinairement cinq à six jeunes à la fois : elle les nourrit pendant quelque temps, et cherche à leur faire aimer la chair, qu'elle leur sert en la goûtant d'abord elle-même. Elle leur apporte aussi de jeunes lièvres et des oiseaux qu'elle déchire devant eux. Quand les louveteaux ont atteint six semaines ou deux mois, leur mère les conduit près du tronc de quelque arbre où l'eau s'est amassée, ou bien près de quelque étang du voisinage, et leur apprend à boire; mais à la moindre apparence de danger, elle les cache dans le premier repaire venu, ou bien les porte sur son dos vers sa tanière. Elle les entretient ainsi jusqu'à ce qu'ils aient atteint leur douzième mois et qu'ils aient complété leur dentition; alors elle les abandonne, les jugeant assez forts pour se suffire à eux-mêmes.

LE RENARD.

Le renard naît dans presque toutes les parties du globe. Il est plus petit que le loup et n'a guère plus de deux pieds trois pouces de long. Sa queue est comparativement plus longue et plus épaisse; il a le museau moins long et le poil plus doux. Ses yeux sont obliques comme ceux du loup, mais ils ont une singulière expression. Sa tête est large en proportion de sa taille; son fumet, comme celui de toute l'espèce, exhale une odeur détestable.

Cet animal est fameux par ses ruses et son adresse : sa grande réputation est bien fondée. Il établit ordinairement son domicile sur la lisière des bois, dans le voisinage de quelque ferme. S'il parvient à pénétrer dans une basse-cour, il égorge toute la volaille, se charge d'une partie des dépouilles, court la déposer à quelque distance, puis revient à la charge, emporte une autre partie, et va la déposer de même,

mais avec la précaution de changer le lieu du dépôt.
Il répète ce manége à plusieurs reprises, jusqu'à ce
que l'approche du jour ou le réveil des domestiques
l'avertisse qu'il est temps de songer à la retraite.
Lorsqu'il trouve des oiseaux pris dans le piége, il les
dégage adroitement de leurs liens, les emporte dans
son terrier, les garde trois ou quatre jours, et n'oublie pas dans ses courses le trésor qu'il tient en réserve.

Il est grand amateur de nids d'oiseaux, attaque les
perdrix et les cailles quand elles couvent, prend les
jeunes lièvres et les lapins, et détruit une grande
quantité de gibier. Sa gourmandise s'accommode de
tout. Quand il est pressé par la faim, il prend des
rats, des souris, des serpents, des crapauds, des lé-
zards, des insectes, et se contente même de végé-
taux. Les renards qui vivent près des côtes de la mer
se nourrissent de toutes sortes de coquillages. Le hé-
risson oppose en vain à ce gourmand déterminé sa
boule armée de pointes; ni la guêpe, ni l'abeille ne
peuvent se garantir de ses déprédations; si parfois
elles le forcent à une retraite momentanée, il revient
bientôt à la charge, se roule à terre, et les force enfin à lui abandonner leurs précieux rayons.

La femelle produit une seule fois par an, et sa
portée est rarement de plus de quatre ou cinq jeunes. Elle leur prodigue beaucoup de soins. Au moindre soupçon que sa retraite a été découverte pen-

dant son absence, elle emporte ses jeunes rejetons
l'un après l'autre dans sa gueule, et va à la recherche
d'un gîte qui lui offre plus de sécurité.

LE CHEVREUIL.

A ne considérer que l'élégance de la forme, la vivacité de ses dispositions, et le gracieux de ses
mouvements, le chevreuil l'emporte sur le cerf et
sur le daim. C'est la plus petite des bêtes fauves de
l'Angleterre, et l'espèce en est presque détruite dans
l'île ; le peu qui en reste se trouve confiné dans les
montagnes d'Ecosse. Sa hauteur jusqu'aux épaules a
près de deux pieds et demi ; ses cornes ont de six à
huit pouces de long ; elles sont fortes, droites, et di-
visées à leur extrémité en trois pointes ou branches.
La longueur du chevreuil dépasse rarement trois
pieds. Il est très vif et a le nez très fin.

Dans sa manière d'éluder les poursuites des
chiens, il déploie plus de sagacité que le cerf. Au
lieu de continuer sa course en avant, il confond ses
traces en revenant lui-même sur ses pas, et en faisant d'énormes bonds de côté, ou en se tenant droit
et immobile, tandis que les chiens et les hommes
passent à côté de lui.

Les chevreuils diffèrent essentiellement de toutes
les autres bêtes fauves par leurs mœurs. Ils ne vivent
point par troupes, mais par familles ; la plus grande

constance préside à leurs amours. Chaque mâle habite avec sa femelle favorite et un de ses jeunes, et n'admet aucun étranger dans sa petite société. La femelle porte au plus haut point l'affection et la sollicitude maternelle; mais aussi ses jeunes sont exposés à de nombreux ennemis. Elle met bas deux faons, ordinairement un mâle et une femelle.

Dans la Grande-Bretagne, on ne connaît que deux variétés de chevreuils; la rouge, qui est la plus grande, et la brune, qui est un peu plus petite; mais en Amérique, où la race est très nombreuse, les variétés sont en égale proportion.

LE VAUTOUR.

Parmi la classe de ces oiseaux, le vautour doré, l'aquilin ou vautour d'Egypte, celui du Cap et du Brésil, occupent le premier rang. Ils ont tous la même indolence, la même voracité, et exhalent tous une odeur rebutante. Le vautour doré, si nous en exceptons le condor, se place à la tête de l'espèce; il est long d'environ quatre pieds et demi, depuis l'extrémité du bec jusqu'à la queue, et pèse ordinairement quatre ou cinq livres. La tête et le cou sont couverts d'un poil épais; le cou est entouré d'une peau rouge qui, dans l'éloignement, donne à l'oiseau l'apparence du coq d'Inde. Les yeux sont plus avancés que ceux de l'aigle. Tout le plumage est cendré, nuancé de rouge et de jaune; les jambes sont d'une forte couleur de chair, et les ongles sont noirs. L'aquilin mâle est entièrement bleu, à l'exception des plumes du tuyau, qui sont d'un noir grisâtre. Le vautour du Cap offre une grande ressemblance avec cette dernière espèce; mais sa tête est d'un bleu brillant couvert d'un jaune sombre, et son plumage tient en quelque chose de la couleur du café.

Le vautour se trouve communément dans plusieurs parties de l'Europe et de l'Egypte, dans l'Arabie, dans beaucoup d'autres royaumes de l'Asie et de l'Afrique, où on en voit un grand nombre.

En Egypte, et particulièrement au grand Caire, ils forment de grandes troupes, qui rendent aux habitants un service très important, en les débarrassant des chairs mortes qui finiraient par infecter l'air. Les anciens Egyptiens savaient tellement apprécier les services de ces oiseaux, que le meurtre d'un vautour était considéré comme un crime capital.

Dans le Brésil, ces oiseaux ne sont pas d'une moindre utilité; ils arrêtent la dangereuse multiplication des crocodiles. La femelle des crocodiles pond souvent ses œufs au nombre d'un à deux cents, sur les bords d'une rivière, et les couvre soigneusement de sable pour les soustraire aux yeux des autres animaux. Dans le même temps plusieurs vautours suivent ses mouvements à travers les branches d'un arbre voisin; à son départ, ils s'encouragent l'un l'au-

tre par de hauts cris, fondent sur les lieux, dépouillent les œufs de leurs coquilles, et les dévorent en
peu d'instants. En Palestine, ils rendent des services
infinis, en détruisant les nombreux essaims de rats et
de souris qui, si on ne les arrêtait pas, dévoreraient
tous les fruits de la terre.

Les vautours font leur aire sur les rochers les plus
éloignés et les plus inaccessibles, et ne produisent
qu'une fois par année. Ceux d'Europe descendent rarement dans la plaine, excepté lorsque les rigueurs
de l'hiver ont banni de leur retraite naturelle tous
les êtres vivants. Ils peuvent endurer la faim pendant un très long espace de temps. Leur chair est
maigre et rebutante.

L'AIGLE.

L'aigle occupe parmi les oiseaux le même rang
que le lion parmi les quadrupèdes. Buffon a établi
entre eux un parallèle où il déploie son éloquence
ordinaire. « L'aigle, dit-il, a plusieurs convenances
» avec le lion : la magnanimité; il dédaigne égale-
» ment les petits animaux et méprise leurs insultes.
» Ce n'est qu'après avoir été longtemps provoqué
» par les cris importuns de la corneille et de la pie
» que l'aigle se détermine à les punir de mort. Il ne
» veut d'autre bien que celui qu'il conquiert, d'au-
» tre proie que celle qu'il prend lui-même : la tem-

» pérance; il ne mange presque jamais son gibier
» en entier, et laisse, comme le lion, les débris et
» les restes aux autres animaux. Quelque affamé
» qu'il soit, il ne se jette jamais sur les cada-
» vres. Il est encore solitaire comme le lion, habi-
» tant d'un désert dont il défend l'entrée et la chasse
» à tous les autres oiseaux; car il est peut-être en-
» core plns rare de voir deux paires d'aigles dans la
» même portion de montagne, que deux familles de
» lions dans la même partie de forêt. Ils se tiennent
» assez loin les uns des autres pour que l'espace
» qu'ils se sont départi leur fournisse une ample
» subsistance; ils ne comptent la valeur et l'étendue
» de leur royaume que par le produit de la chasse.
» L'aigle a de plus les yeux étincelants et à peu près
» de la même couleur que ceux du lion, les ongles
» de la même forme, l'haleine tout aussi forte, le
» cri également effrayant. Nés tous deux pour le
» combat et la proie, ils sont également ennemis de
» toute société, également fiers et difficiles à ré-
» duire. On ne peut les apprivoiser qu'en les pre-
» nant tout petits. »

Ce parallèle est de la plus grande exactitude, abs-
traction faite cependant de ce qui regarde la voix de
l'aigle, qui est un fausset perçant dépourvu de grandeur, tandis que la voix du lion est une basse profonde et épouvantable.

De toute cette espèce, l'aigle doré est le plus

grand et le plus majestueux. Il a trois pieds de long,
et l'envergure de ses ailes, d'une extrémité à l'autre,
est de sept pieds et demi. Il pèse quatorze livres.

La tête et le cou sont couverts de plumes aiguës
d'un brun sombre, bordé de tan ; tout le corps est
également d'un brun cendré ; la queue est brune, ir-
régulièrement nuancée d'une couleur cendrée obscure ; le bec est d'un bleu sombre, et les yeux couleur de noisette. Les jambes sont jaunes, fortes, et
couvertes de plumes jusqu'aux pieds ; les doigts sont
armés de formidables serres.

Des rochers élevés, des ruines de châteaux solitaires, des tours isolées, voilà les places que l'aigle
doit choisir pour sa demeure. Les nids des oiseaux
sont ordinairement creux ; l'aire de l'aigle est plate.
La base consiste en perches de cinq à six pieds de
long appuyées par les deux bouts et traversées par
des branches recouvertes de lits de joncs et de
bruyères. Elle forme un carré d'environ deux ver-
ges, et sert à l'oiseau, dit-on, pour toute sa vie. La
femelle pond ses œufs en trente jours ; elle n'en pond
jamais plus de deux ou de trois. L'aigle peut être
apprivoisé s'il est pris jeune. Mais dans la domesticité
même il conserve ses mauvaises inclinations ; il
n'est pas prudent de l'irriter, car telle est sa force
que presque aucun quadrupède ne peut se mesurer
avec lui, et on l'a même vu tuer un homme d'un
coup de son aile. L'aigle est d'une très grande longé-

vité : on a la certitude qu'un aigle a été gardé en prison pendant tout un siècle. Il peut supporter la privation de nourriture pendant près de trois semaines ; degré d'abstinence dont très peu d'autres animaux sont capables.

LE HIBOU.

On connaît près de cinq espèces de hiboux ; mais nous ne parlerons ici que de trois espèces : du grand-duc, de l'effraie et de la chouette. On a dit avec raison que le hibou est au faucon ce qu'est la mouche au papillon, puisque, à proprement parler, le hibou ne chasse que de nuit, tandis que le faucon ne poursuit jamais sa proie que de jour. La tête du hibou est ronde, assez semblable à celle du chat, avec lequel le hibou a d'ailleurs une grande affinité dans la guerre destructive qu'il fait aux rats. Les yeux du hibou sont aussi formés comme ceux du chat, et plus propres à voir dans les ténèbres qu'en plein jour. Durant l'hiver, le hibou se retire dans le tronc des vieux arbres ou dans les tours en ruines. Il dort pendant les rigueurs de la saison. Dans quelques pays, on a la simplicité de regarder le hibou comme un oiseau de mauvais augure : cependant les Athéniens l'honoraient autrefois, et en faisaient l'oiseau favori de Minerve.

Le grand-duc est originaire d'une grande partie

de l'Europe, de l'Asie et de l'Amérique, Il se tient
dans des rochers inaccessibles et les places les plus
désertes. Il égale pour la taille quelques aigles. Il a
la vue plus forte qu'aucun autre de son espèce, et
chante quelquefois de jour. Il est très attaché à ses
jeunes : quand on les lui enlève, il les pourvoit as-
sidûment de pâture, ce qu'il exécute avec une telle
sagacité, une telle discrétion, qu'il est presque impossible de le prendre sur le fait.

On distingue aisément le duc à sa grosse figure, à
son énorme tête, aux larges et profondes cavernes
de ses oreilles, aux deux aigrettes qui surmontent
sa tête, à son bec court, noir et crochu, à ses grands
yeux fixes et transparents, à sa face entourée de poils
ou plutôt de petites plumes blanches, à ses ongles
noirs, très forts et très crochus, à son cou très court,
à son plumage d'un roux brun, tacheté de noir et de
jaune sur le dos, et de jaune sous le ventre, marqué
de taches noires, et traversé de quelques bandes
brunes mêlées confusément; à ses pieds couverts
d'un duvet épais et de plumes roussâtres jusqu'aux
ongles; enfin à son cri effrayant.

On connaît vingt espèces de cet oiseau des ténèbres, que l'on appelle aussi le hibou corné, eu égard
aux longues plumes qui entourent les cavernes des
oreilles, et qui ont quelque ressemblance avec des
cornes.

La chouette blanche ou l'effraie se tient dans les

églises, les vieilles masures et les maisons inhabi-
tées. Le singulier cri qu'elle pousse en volant, qui
réveille le monde, et que l'on ne saurait entendre
sans effroi, est la source de son nom. Sa vue est très
mauvaise de jour; aussi ne commence-t-elle ses
exercices et ses ravages qu'avec le crépuscule. S'il
lui arrive de se montrer le jour, tous les petits oiseaux s'attachent à sa poursuite. Le plumage de cette
espèce a beaucoup d'élégance : tout le dessus du
corps est d'un léger jaune, tandis que les parties inférieures sont absolument blanches. Les yeux sont
entourés d'un cercle de petites plumes blanches, les
jambes sont couvertes de plumes jusqu'aux ongles
des pieds. Le sens de l'ouïe est dans l'effraie d'une
grande subtilité.

Du temps de Gengis-Khan, les Tartares, Mongols
et Kalmouks avaient cet oiseau en grande vénéra-
tion : voici ce qu'ils racontent à ce sujet. Un hibou
de cette espèce vint se placer sur un buisson sous
lequel leur prince s'était réfugié après une défaite.
L'ennemi victorieux passa outre sans s'arrêter et
sans faire de recherches, ne s'imaginant pas qu'un
oiseau dût se percher au-dessus de la retraite d'un
homme.

La chouette n'a pas plus d'un pied de longueur.
La poitrine est d'un cendré pâle, nuancée de raies
longitudinales brunes; la tête, les ailes et le dos sont
marqués de noir; autour des yeux il y a un cercle

cendré, nuancé de brun. C'est un véritable oiseau de
proie, qui commet souvent de grands ravages dans
nos colombiers. Il se tient dans des ruines et dans
le tronc des arbres. Quand il s'agit de défendre ses
jeunes, il attaque courageusement l'homme. Les
souris font sa chair favorite : il les dépouille avec
autant de dextérité qu'un cuisinier pourrait le faire
d'un lapin.

LA POULE.

Si vous avez fini le déjeuner, et que vous ne sen-
tiez pas de fatigue, nous irons dans la basse-cour.
Prenons chacun une poignée de grain : je suis sûre
que nous serons bienvenus.

Voyez quelle nombreuse couvée de poussins a
cette poule blanche ! Elle prend autant de soin d'eux
que la femme la plus tendre de ses enfants. Henri,
ne cherchez point à attraper les petits poulets ; elle
volerait sur vous. Hier encore ils étaient dans la coquille. Elle avait posé ses œufs dans un panier, au
coin de la volière. Elle les a couvés pendant trois semaines, et ne les a quittés qu'un moment à la dérobée pour manger, de peur qu'ils ne périssent de
froid s'ils étaient privés de la chaleur qu'elle leur
communique. Aussitôt qu'ils ont été assez forts, ils
ont rompu la coquille, et sont sortis d'eux-mêmes.
Elle leur apprend déjà à fouiller du bec dans la terre

pour y chercher du grain et des vermisseaux. Lorsqu'elle craint que quelqu'un n'ait envie de leur faire du mal, elle s'élance sur lui avec la fureur et le courage d'un lion. Pauvre poule, que vas-tu devenir? Voyez-vous cet oiseau de proie qui la guette? Oh! comme cette tendre mère est effrayée! Les petits poussins se couchent sur le dos, attendant à tout moment d'être emportés dans les serres de leur ennemi. Leur mère court autour d'eux dans des angoisses mortelles; car il est trop fort pour qu'elle puisse le combattre. Allez, Henri, appelez Thomas, et dites-lui d'accourir tout de suite avec son fusil. Va, ma pauvre poule, l'épervier n'aura pas tes petits. — Maintenant que nous l'avons chassé, viens chercher le grain que nous t'avons apporté pour ta famille.

Nous avons besoin d'œufs, Charlotte; voyez s'il y en a dans le poulailler. Bon, vous en avez trois. Ils sont pondus d'aujourd'hui. Il n'y a pas encore de poulet vivant dans la coquille ; mais, si nous les laissions quelque temps sous la poule, il viendrait un poulet dans chacun. Toute espèce de volaille et d'oiseau vient aussi d'œufs, plus ou moins gros, suivant la grosseur de l'animal qui les produit.

Il est possible de faire éclore les œufs dans des fours ; et j'ai lu que c'était l'usage ordinaire en Egypte. Aussitôt que les jeunes poussins sortent de leur coquille, ils sont mis sous la tutelle d'une poule qui, ayant été dressée à cet emploi, les conduit et les élève, becquetant pour eux avec la même tendresse que si elle était leur véritable mère. Certainement c'est une chose très curieuse; mais je suis bien loin d'approuver ces procédés contre nature. Nous pouvons bien avoir un nombre suffisant de poulets par la méthode naturelle, si nous leur donnons les soins qu'ils demandent. Je suis ravie de savoir qu'on a voulu essayer, dans ce pays, de faire naître les poulets dans des fours, et qu'on a rejeté ce moyen.

Il y a une autre coutume aussi bizarre, mais qui cependant est très commune parmi nous : c'est de mettre des œufs de cane couver sous une poule. Vous auriez peine à concevoir la détresse que cela occasionne à cette seconde mère. Ignorant l'échange qui a été fait, elle suppose qu'elle a couvé ses propres petits; car elle n'a pas assez d'intelligence pour réfléchir sur cet objet. C'est pourquoi, lorsqu'elle voit les canetons se plonger dans l'eau, suivant leur instinct, elle est saisie pour eux des craintes les plus vives, tremblant qu'ils ne se noient. Cependant elle n'ose les suivre, parce qu'elle ne sait pas nager. Vous auriez pitié de la pauvre bête, en la voyant courir autour de la mare, appelant ses nourrissons, et remplissant l'air de ses plaintes.

Il est fâcheux d'être obligé de tuer les pauvres poulets; mais comme je vous l'ai dit au sujet des bœufs et des moutons, si nous les laissions tous vivre, ils mourraient de faim, ou nous réduiraient au même danger, en mangeant tout le grain de nos provisions ; en sorte que nous n'aurions plus ni pain ni viande pour soutenir notre vie. Mais nous prendrons soin de les bien nourrir, de ne pas les tourmenter, et lorsque nous les tuerons nous les ferons souffrir le moins possible. Je ne pourrais jamais me résoudre à égorger de mes mains une créature vivante : je plains, sans les condamner, ceux qui, par état, sont forcés d'exécuter cette cruelle opération.

Les poules ont les pattes armées d'ongles très pointus, pour pouvoir fouiller dans le fumier et devant la porte des granges, où elles trouvent toujours une provision suffisante de grains. Leurs pieds ont aussi plusieurs jointures ; en sorte qu'on dormant, la nuit, elles se tiennent fortement accrochées aux juchoirs, ce qui les empêche de tomber pendant leur sommeil.

Les coqs ont autant de courage que de beauté, de force et d'orgueil. Ils combattent quelquefois entre eux jusqu'à ce que l'un ou l'autre reçoive la mort. Il y a, en Angleterre, des gens assez cruels pour trouver de l'amusement dans ces meurtres.

Ils prennent deux de ces belles créatures, et attachent à leurs jambes des éperons d'acier très aigus ; ensuite ils les mettent au milieu d'une place ronde, couverte de gazon, et se tiennent tout autour, criant, et faisant des paris insensés, tandis que les deux fiers combattants se déchirent de blessures si cruelles qu'ils meurent quelquefois sur la place. Oh! Henri, j'espère que vous ne prendrez jamais part à ces jeux barbares. Je vois que votre cœur se révolte au seul récit que je vous en fais. Je pourrais encore vous dire que ces spectacles ont causé souvent la ruine de ceux qui risquaient leur fortune sur l'événement du combat; mais je me flatte que, avant de devenir homme, vous prendrez des sentiments d'humanité qui vous en éloigneront pour toujours, sans avoir besoin de ce motif.

Je veux vous parler d'une autre espèce de barbarie exercée sur les coqs par de méchants petits garçons. Le jour du mardi-gras, ils s'assemblent par bandes et conviennent de jeter tour à tour des bâtons à l'une de ces innocentes créatures. Le premier tire, et lui casse une jambe. Cela est réparé, à ce qu'ils disent, par un morceau de bois qu'ils lient tout autour pour la soutenir. Le second lui crève peut-être un œil; le troisième lui brise peut-être une aile, et rarement un coup manque de lui casser quelqu'un de ses membres délicats. Aussi longtemps qu'il lui reste des forces, l'oiseau tourmenté cherche à s'échapper de ses bourreaux; mais la violence de la douleur le force bientôt de tomber. S'il montre le moindre signe de vie, il a de nouveaux tourments à souffrir. Ils mettent sa tête dans la terre pour le ranimer, à ce qu'ils prétendent. La malheureuse vola-

tile se débat, de peur d'étouffer, et la persécution recommence. Quelques coups de plus achèvent ce jeu
barbare. Elle tombe tout-à-fait morte, tandis que ses
meurtriers triomphent sur son cadavre, et s'appellent eux-mêmes de petits héros. Que pensez-vous
de ces enfants, Henri? N'y a-t-il pas bien plus de
plaisir à voir ce noble oiseau becquetant à la porte
de la grange, ou perché sur son fumier, battant des
ailes et poussant des cris de joie, que de le voir dé-
chiré d'une manière si cruelle, de voir ses yeux, ja-
dis si pleins de feu, maintenant éteints sous sa paupière mourante, et son beau plumage souillé de
boue et de sang?

LA PERDRIX.

La perdrix a environ treize pouces de longueur;
la couleur générale de son plumage est d'un brun
cendré, également mêlé de noir. La queue est
courte; les cuisses sont d'un blanc verdâtre, avec
un petit nœud par derrière; le bec est d'un faible
brun. Les yeux sont couleur de noisette; sous chaque œil il y a un petit point graineux couleur de sa-
fran. Dans les jeunes perdrix on remarque, entre les
yeux et l'oreille, une peau nue d'un écarlate brill-
lant. Le mâle a sur la poitrine une marque en forme
de fer à cheval. La femelle se reconnaît par ses couleurs moins marquées, moins brillantes.

On ne voit les perdrix que dans les climats tempérés. Les extrêmes de chaleur ou de froid leur sont contraires. Cependant elles se trouvent dans le Groënland, où pendant l'hiver leur plumage blanchit. En Suède, elles terrent sous la neige pour se garantir du froid. Elles ne sont nulle part en plus grande quantité que dans l'Angleterre, où elles font les délices des épicuriens raffinés. Ces oiseaux s'apparient dès le retour du printemps; la femelle pond entre quatorze et dix-huit œufs; elle fait à terre un nid de feuilles sèches et de gazon. Les petits courent au moment même qu'ils sont éclos; souvent ils traînent encore avec eux une partie de leur coquille. Il arrive assez communément qu'on place des œufs de perdrix sous une poule qui les couve et les soigne comme ses propres œufs; mais alors il faut avoir soin de pourvoir les jeunes d'œufs de fourmi qu'ils aiment beaucoup, sans quoi serait impossible de les élever. Ils mangent aussi des insectes. Lorsqu'ils ont pris toute leur croissance, ils se nourrissent de toutes sortes de jeunes plantes. Le mâle partage une partie des soins que la femelle prodigue à ses petits; ils guident tous deux leurs premiers pas, les rappellent ensemble, leur donnent la becquée, et les aident à gratter le sol de leurs pieds pour trouver quelque nourriture; on les voit souvent réunis et couvrir leurs jeunes de leurs ailes, comme les poules.

LA PIE.

Ce joli oiseau est commun en France ; mais l'Italie est sa limite au sud, et ses voyages vers le nord s'arrêtent en deçà de la Laponie. Il est d'une telle rareté en Norwége, que la vue d'une pie y est regardée comme le présage de la mort.

La pie a dix-huit pouces de long ; le noir foncé de la tête, du cou et de la poitrine forme un contraste élégant avec la blancheur éblouissante des parties inférieures ; les pennes du cou sont très longues et couvrent tout le dos ; le plumage en général est d'un noir lustré qui, vu de près, et sous certain jour, jette des reflets verts, bleus, pourpres et violets ; la queue étagée est très longue ; les pieds sont également noirs.

La pie est omnivore ; elle fait souvent de grands ravages dans les garennes et dans les basses-cours. Elle n'entreprend jamais de longs voyages ; elle vole d'arbre en arbre à peu de distance.

La femelle met beaucoup d'art dans la construction de son nid ; elle n'y laisse d'ouverture qu'autant qu'il lui en faut pour entrer et sortir ; elle le couvre d'une enveloppe à claire-voie, de petites branches épineuses et bien entrelacées ; le fond est matelassé de laine et d'autres matériaux mollets sur lesquels les jeunes peuvent se reposer commodément : elle pond sept ou huit œufs d'un gris pâle et tachetés de noir.

La pie peut être apprivoisée ; on lui apprend à prononcer différents mots, et même de courtes phrases ; souvent, quand un bruit étranger a frappé son oreille, elle cherche à l'imiter.

Elle est, comme d'autres oiseaux de son espèce, très portée à dérober : elle a aussi l'habitude d'enfouir ses provisions superflues.

LE PAON, LE COQ D'INDE, LE FAISAN, LE PIGEON.

Reposons nos regards sur ce paon majestueux. Avez-vous vu jamais une plus brillante parure ? Avec quel orgueil il étale en forme de roue sa queue étoilée ! On dirait que le soleil se plaît à la faire étinceler des plus riches couleurs. Une de ses plumes est tombée à terre. Examinez-la bien ; plus vous la regarderez de près, plus elle vous paraîtra admirable. Ses pieds ne sont pas, à beaucoup près, si beaux ; tant il est vrai qu'on ne possède jamais tous les avantages.

La chair du paon est assez bonne à manger. Elle servait même autrefois dans les festins d'appareil de la chevalerie. Mais qui pourrait se résoudre à égorger un si bel oiseau ?

Ne soyez pas effrayé de ce coq d'Inde, Henri. Il a

l'air fanfaron : mais il ne possède en effet que très peu de courage. Marchez à lui sans crainte, il fuira devant vous. Une taille haute, vous le voyez, n'annonce pas toujours un grand cœur.

Cet oiseau nous vient de l'Inde; mais il s'est fort bien naturalisé dans ce pays, et sa chair est d'un très bon goût.

Ne croiriez-vous pas que l'on a peint et doré le plumage de ces faisans de la Chine? Ils sont moins beaux que le paon ; mais ils sont plus variés.

Voyez aussi quelle diversité de couleurs dans ces pigeons. Les plumes de tous ces oiseaux nous servent pour mille embellissements dans notre parure. Et jusqu'à celles du hibou, il n'en est pas qui ne soient dignes d'occuper nos regards, d'exciter notre admiration, et de satisfaire notre curiosité.

LA TOURTERELLE.

La tourterelle est plus petite que le pigeon, dont elle se distingue d'ailleurs par l'iris jaune de ses yeux et par le cercle cramoisi de ses paupières. La couleur générale de cet oiseau est d'un gris bleuâtre ; la poitrine et le cou sont d'une sorte de pourpre blanchâtre ; et sur les côtés du cou se trouve un petit tour de belles plumes blanches bordées de noir.

Le cri de cet oiseau est tendre et plaintif ; le mâle, en abordant sa compagne, la salue à différentes reprises du mouvement de ses ailes, et pousse en même temps les sons les plus doux et les plus touchants. La fidélité de ces oiseaux a fourni aux romanciers une source d'images séduisantes. L'on assure que, si un couple se trouve enfermé dans une cage, et que le mâle vienne à mourir, il est rare que la femelle lui survive; cependant, au rapport de plusieurs naturalistes, observateurs judicieux et profonds, la constance de la tourterelle n'est pas absolument exemplaire, et la fidélité inviolable qu'on lui prête n'est pas tout-à-fait sans tache.

Ces oiseaux arrivent en nombre avec le printemps, et nous quittent vers le mois d'août. Ils se tiennent dans les taillis les plus épais et les plus solitaires des bois; ils nichent sur les arbres les plus élevés. La femelle pond deux œufs; dans nos pays elle ne fait pas plus d'une ponte; mais dans les climats plus chauds on croit qu'elle en fait plusieurs.

LE ROSSIGNOL.

Ce n'est pas à la beauté de son plumage que le rossignol doit la faveur distinguée dont il a joui dans tous les temps près des amateurs de la belle nature. Cet oiseau, qui a fourni tant de richesses à l'imagination des poètes, a peut-être la parure la plus modeste de tous les habitants ailés des bois.

Il a près de six pouces de long; le dessus de son

corps est d'un brun foncé, avec une légère teinte
olive ; le dessous est d'un cendré pâle ; la gorge et le
ventre sont blanchâtres.

La variété, la douceur, l'harmonie de son chant,
le placent au premier rang parmi nos oiseaux chan-
teurs. Dans le silence de la nuit, quand tous les
autres oiseaux ont suspendu leurs concerts, le rossignol seul fait entendre sa voix mélodieuse : il remplit alors le cœur des émotions les plus douces, élève
et transporte l'imagination aux pieds de cette puissance créatrice, si grande, si généreuse dans toutes
ses œuvres, si ingénieuse à embellir le séjour pas-
sager de l'homme.

Le rossignol est un oiseau solitaire ; il ne vit jamais par troupe. La femelle construit son nid de
feuillage, de paille et de mousse ; elle pond ordinairement quatre ou cinq œufs ; elle fait deux et quelquefois trois pontes par an. Tandis qu'elle s'acquitte
des devoirs de l'incubation, le mâle, perché sur une
branche voisine, cherche à charmer ses ennuis par
l'harmonie de son chant ; si quelque ennemi s'approche, si quelque danger menace, il chante encore,
et ses accents entrecoupés disent à sa compagne
tout ce qu'elle a à craindre.

Les rossignols s'approprient facilement le chant
des autres oiseaux. On peut leur apprendre une partie séparée dans un chœur ; ils la répéteront exactement à leur tour.

On dit qu'on est souvent parvenu à leur faire articuler des mots, et l'on vante les progrès étonnants qu'ils ont faits dans cette étude.

LE CYGNE, L'OIE, LE CANARD.

Prenez garde, Henri; n'approchez pas tant du bord du canal. Venez à mon côté. Bon! donnez-moi la main. Nous sommes assez près pour être à portée de voir ce cygne superbe. Comme il navigue majestueusement sur les eaux, sans en troubler la surface! Voyez-le déployer de temps en temps ses ailes argentées, et plonger son cou long et recourbé. Voyez sa compagne; avec quelle fierté elle conduit sa naissante famille! Ses petits ne sont encore que d'un gris cendré; mais bientôt l'œil sera ébloui de la blancheur de leur plumage.

Cette pauvre oie, qui ressemble tant au cygne pour la forme, est bien loin d'avoir sa grâce et sa beauté! Elle ne fait que criailler d'une voix rauque et glapissante, et se dandiner niaisement dans sa lourde allure. Gardons-nous toutefois de la mépriser, pour n'avoir pas les avantages extérieurs de sa rivale. Le cygne n'a rien à nous fournir que son duvet pour nos houppes à poudrer, nos manchons, la garniture de nos robes et de nos pelisses. L'oie, au contraire, nous donne sa chair pour nos repas, et nous lui sommes en quelque sorte redevables de tous les livres de science et d'agrément que nous lisons, puisqu'avant d'être imprimés ils ont d'abord été écrits avec des plumes tirées de ses ailes.

Regardez à présent cette cane, suivie de sa jeune couvée de canetons. Où courent-ils donc ainsi d'un air si empressé? Bon : les voilà tous dans l'eau. Voyez avec quelle assurance ils y plongent! Vous auriez, j'imagine, une belle frayeur à leur place.

Le cygne, l'oie et le canard sont des oiseaux aquatiques, et vivent sur l'eau et sur la terre. Remarquez, je vous prie, leurs pattes : vous verrez que toutes les parties en sont liées ensemble par une mince membrane. Il en est de même de tous les oiseaux d'eau. Ils les emploient comme ces rames dont vous avez vu les bateliers se servir pour conduire leur chaloupe.

LES OISEAUX DE PASSAGE.

Il est plusieurs espèces d'oiseaux, appelés oiseaux de passage, tels que les grues, les canards sauvages, les pluviers, les bécasses, les hirondelles, etc., qui ne résident pas constamment dans le même endroit, mais qui vont de pays en pays, chercher un climat favorable, suivant les différentes saisons de l'année. Ils se réunissent tous ensemble en un certain jour marqué, et prennent leur vol en même temps. Plusieurs traversent les mers, et volent jusqu'à trois cents lieues; ce que l'on aurait de la peine à croire, sans le témoignage répété de plusieurs voyageurs dignes de foi.

LES OISEAUX ÉTRANGERS.

Je ne finirais pas de la journée si j'entreprenais de vous peindre les oiseaux qui vivent dans ce pays. Que serait-ce donc si je voulais vous entretenir de tous ceux qu'on a reconnus sur les différentes parties de l'univers? Il est des livres fort amusants où l'on a fait leur histoire, et où vous pourrez les voir représentés avec leurs couleurs naturelles. En attendant que vous soyez en état de lire ces ouvrages avec fruit, je me borne à vous parler de deux oiseaux seulement, et je choisirai le plus petit et le plus grand de toute espèce, le colibri et l'autruche.

LE COLIBRI.

La nature semble avoir pris plaisir à former la taille élégante du colibri, et rassembler sur son plumage les plus belles couleurs dont elle a peint celui des autres oiseaux. Les nuances en sont délicates et si bien ménagées que son coloris semble varier à chaque nouveau coup d'œil. Sa queue est composée de neuf plumes qui s'allongent en éventail, et les deux dernières sout deux fois plus longues que tout son corps. Le mâle porte sur sa tête une petite huppe, où sont réunies toutes les teintes qui brillent sur ses ailes. Ses yeux sont noirs, et étincellent de vivacité. Son bec, de la grosseur d'une aiguille, est long et un peu courbé. Sa langue, qu'il en fait sortir bien au-dehors, lui sert à pomper, jusqu'au fond du calice des fleurs, la rosée qui les baigne, ou à gober les petits insectes qui s'y réfugient. Il se nourrit aussi de la poussière des fleurs d'oranger, de citronnier et de grenadier, qu'il recueille en voltigeant comme un papillon, presque toujours sans s'y reposer. Son vol est si rapide qu'on entend cet oiseau plutôt qu'on ne le voit. Le mouvement de ses ailes produit un bourdonnement pareil à celui des grosses mouches. Il se balance comme elles dans l'air, et paraît quelquefois y rester immobile.

Dans les contrées où les fleurs n'ont qu'une saison, on dit qu'à la fin de leur règne il se tapit sur la branche d'un arbre, et y reste dans un état d'engourdissement jusqu'à leur retour; mais dans les pays où les fleurs se succèdent sans cesse, on a le plaisir de le voir toute l'année.

Il aime à susprendre son nid aux rameaux des orangers, qui ne ploient certainement pas sous la charge. Ces nids, dont la forme est celle d'une demi-coque d'œuf, sont construits avec des petits brins d'herbe sèche, et tapissés d'une espèce de coton très fine et très douce. La femelle ne pond que deux œufs de la grosseur d'un pois, qu'elle couve avec beaucoup de soin et de tendresse. Quand les petits sont éclos, ils ne paraissent pas plus gros que des mouches. Peu à peu ils se couvrent d'un duvet aussi léger que celui des fleurs, et bientôt après de plumes brillantes.

Lorsque le père et la mère s'éloignent pour aller chercher de la nourriture, certains oiseaux, qui sont très friands de la couvée, veulent profiter de cette absence pour saisir leur proie; mais les parents sont toujours au guet; ils reviennent prompts comme l'éclair, poursuivent intrépidement l'ennemi de leur jeune famille, et lorsqu'ils peuvent l'atteindre, ils ont l'adresse de se cramponner sous son aile, et le percent, avec leur bec affilé, de mille blessures.

La manière de les prendre est de leur jeter une poignée de gros sable lorsqu'ils volent à une petite portée, ce qui les étourdit, ou de leur tendre des baguettes enduites d'un glu luisante. Les petits friands y volent avec avidité; mais leur langue, leurs ailes s'y empêtrent, et les chasseurs qui les épient les saisissent avant qu'ils aient pu se débarrasser.

Un voyageur raconte à leur sujet une histoire intéressante que vous ne serez sûrement pas fâchés d'apprendre, je le devine à votre attention à m'écouter.

Un de ses amis ayant pris un nid de ces oiseaux,

les mit dans une cage à la fenêtre de sa chambre. Le père et la mère, qui voltigeaient de tous côtés pour les retrouver, ne tardèrent pas à les reconnaître, et ils venaient d'abord leur apporter à manger à travers les barreaux. Bientôt ils se rendirent assez familiers pour entrer librement dans la chambre, puis dans la cage, pour manger et dormir avec leurs petits. Ils prirent tant d'amitié pour le maître de la maison, qu'ils allaient quelquefois tous quatre ensemble se percher sur son doigt, en criant *serep, serep, serep,* comme s'ils eussent été sur la branche d'un arbre. On leur faisait une bouillie de biscuit, de vin d'Espagne et de sucre. Ils venaient y passer légèrement leur langue, et quand ils étaient rassasiés ils voltigeaient dans la maison et au-dehors, revenant à tire d'aile au moindre son de la voix de leur père nourricier. Il les conserva de cette manière pendant cinq ou six mois, dans la douce espérance d'avoir bientôt de nouveaux rejetons de cette jolie famille; mais ayant oublié un soir d'attacher la cage où ils se retiraient à un cordon suspendu au plancher, pour les garantir des rats, il eut la douleur de ne plus les retrouver le lendemain à son réveil.

On a trouvé le secret de leur conserver si bien, même après leur mort, le vif éclat de leurs couleurs, que les femmes du pays les portent à leurs oreilles en guise de girandoles. On fait aussi de leurs plumes de belles tapisseries et des tableaux charmants.

L'oiseau-mouche, ainsi nommé à cause de sa petitesse, est de l'espèce du colibri.

L'AUTRUCHE.

L'autruche tient, parmi les oiseaux, le même rang
que l'éléphant parmi les quadrupèdes. Elle est la
plus grande de toute la gent volatile. Sa hauteur
égalerait celle de Henri debout sur son cheval. Son
cou long est très allongé, sa tête fort menue, l'un et
l'autre couverts de poils au lieu de plumes. Ses
yeux sont presque aussi grands que les nôtres, rele-
vés d'une paupière mobile, et garnis de cils. Son
corps, dont la grosseur est loin de répondre à la
grandeur de sa taille, est monté sur des cuisses sans
plumes jusqu'aux genoux, et sur des jambes très
hautes qui se terminent en pieds de corne semblables à ceux des chameaux, mais avec des griffes
très fortes. La nature lui ayant donné des ailes trop
courtes et des plumes trop molles pour pouvoir s'é-
lever dans les airs, elle sait en user comme d'une
voile pour accélérer sa course, aidée d'un vent favorable. Ses ailes sont armées, chacune à leur extrémité, de deux ergots qui lui servent de défense.

L'autruche est très vorace, et se nourrit de tout
ce qu'elle rencontre; c'est de là que l'estomac de
l'autruche est passé en proverbe. Elle pond plusieurs
fois l'année, et chaque fois douze à quinze œufs fort

gros, qu'elle dépose dans le sable pour que le soleil les échauffe pendant la journée ; le soir, à son tour, elle se charge de ce soin dans les pays où les nuits sont froides. La coque des œufs acquiert avec le temps une si grande dureté, qu'on la travaille comme l'ivoire, pour en faire des coupes très solides.

Ces oiseaux se réunissent dans les déserts en troupes nombreuses, qui, de loin, ressemblent à des escadrons de cavalerie. Leur chasse est un des plus grands plaisirs des seigneurs de la contrée. Ils les suivent montés sur des chevaux barbes de la plus grande vitesse, avec lesquels toutefois ils ne pourraient les atteindre s'ils n'avaient la précaution de les pousser contre le vent, et de lâcher à leurs trousses des lévriers pour leur couper le chemin et les arrêter un peu. Elles font des crochets dans leur fuite, comme les lièvres.

Les chasseurs emploient quelquefois une ruse plaisante pour les attaquer. Ils se revêtent d'une peau d'autruche, élèvent et réunissent leurs bras dans le cou, et le font jouer, ainsi que la tête et les autres membres, à la manière des véritables autruches ; celles-ci approchent ou se laissent approcher sans défiance, et se trouvent prises à l'improviste.

La tête de ces oiseaux n'étant défendue que par un crâne très mince, c'est cette partie qu'ils cherchent à mettre en sûreté, laissant le reste de leur corps à découvert. Toute leur force est dans leur bec, dans les piquants du bout de leurs ailes, et surtout dans leurs pieds. Ils peuvent renverser un homme d'une ruade. On prétend même qu'en fuyant ils lancent des pierres avec une extrême raideur.

Les autruches sont d'un naturel très sauvage. Cependant, à force de soins, on vient à bout de les apprivoiser, et de les monter comme un cheval. On a vu une jeune autruche porter deux nègres à la fois sur son dos, avec plus de rapidité que le plus léger coureur des courses de Vincennes.

Les plumes d'autruche se blanchissent et se teignent en diverses couleurs. On les prépare pour servir de parure à la coiffure des femmes, aux chapeaux des militaires et aux casques des acteurs sur le théâtre, comme aussi pour orner l'impériale des lits et les dais d'église. Les plumes des mâles sont les plus estimées, parce qu'elles sont plus larges et plus épaisses, et qu'elles prennent mieux la couleur que celles des femelles.

Les plumes grisâtres qu'elles ont sous le ventre fournissent aux fourreurs des garnitures de robes et de manchons.

LES NIDS D'OISEAUX.

Regardez entre ces arbres, Charlotte. N'est-ce pas le petit Jules que je vois venir à notre rencontre? Oh! c'est bien lui : je le reconnais à ses gambades. Il me

paraît, à cette allure, qu'il a des nouvelles agréables
à nous annoncer. Il porte quelque chose. Qu'avez-
vous donc là, mon enfant? Un nid d'oiseaux? Fi!
comment dérober à ces pauvres créatures ce qui leur
a coûté tant de peine et de travail! Les petits, dites-
vous, s'en étaient déjà envolés. A la bonne heure.
Henri, prenez doucement ce nid dans votre main,
regardez-le avec attention. Je vous dirai comment
les oiseaux l'ont construit.

Deux d'entre eux sont convenus de vivre ensemble ; car s'ils ne peuvent pas s'exprimer comme nous,
ils savent fort bien se faire entendre l'un de l'autre.
Ils ont prévu que le printemps leur donnerait des
petits, et leur premier soin a été de leur bâtir d'a-
vance une jolie habitation. Après avoir cherché sur
les arbres ou dans les buissons l'endroit le plus propre à s'établir, ils ont commencé l'édifice par le de-
hors, entrelaçant avec leurs becs des brins de bois
et de paille, et remplissant tous les vides avec de la
mousse et du crin ramassés dans la campagne. Ensuite ils ont tapissé l'intérieur de légers flocons de
laine, de duvet, de plumes et de coton. La femelle a
poudu ses œufs sur ce lit douillet, et pendant quelques jours les a tenus constamment réchauffés de la
douce chaleur de ses ailes, tandis que le mâle l'animait par ses caresses dans des soins si tendres, ou
que, perché sur une branche voisine, il la réjouissait
de ses plus jolies chansons. Enfin les petits sont

éclos. Aussitôt leurs parents pleins de joie se sont empressés de leur aller chercher de la nourriture, et sont revenus en la broyant dans leur bec. Les petits, entendant le bruit de leurs ailes, ont soulevé la tête, se sont mis à crier tous à l'envi : *chirp*, *chirp*, comme pour dire : à moi, à moi. Aucun, grâce à Dieu, n'en a manqué. Afin de les garantir de la fraîcheur des nuits, la mère a continué de les couvrir de ses plumes, et, dès l'aurore, le père a volé leur chercher une nouvelle nourriture. Ainsi se sont comportés ces tendres parents, jusqu'à ce qu'ils aient vu leurs petits en état de se soutenir sur leurs ailes. Alors ils les ont instruits à voltiger de branche en branche, puis à se hasarder un peu dans les airs. Enfin ils leur ont fait prendre l'essor, pour leur indiquer les endroits où ils trouveraient leur subsistance. C'est alors que leurs soins ont cessé ; leurs enfants n'en avaient plus besoin : ils sont déjà aussi habiles qu'eux-mêmes. Vous les verrez l'année prochaine construire des nids à leur tour, et faire pour leur jeune famille ce que leurs parents viennent de faire pour eux.

Je sens toujours de l'indignation contre ceux qui vont lâchement dérober des nids d'oiseaux, lorsque je pense combien de voyages ont fait ces pauvres créatures pour rassembler tous les matériaux qui leur étaient nécessaires, et quelle a dû être la difficulté de leur travail, sans autres instruments pour bâtir que leurs becs et leurs pattes.

Nous n'aimerions pas à être chassés d'une bonne maison bien close et bien commode, quoique peu d'entre nous eussent l'adresse d'en construire. Les fermiers, il est vrai, se trouvent dans la nécessité de détruire, autant qu'ils peuvent, quelques espèces d'oiseaux qui dévorent leurs récoltes. D'ailleurs il ne manque point d'oiseaux de proie, tels que les éperviers et les milans, pour leur faire une rude guerre. Ainsi je pense qu'ils ont assez d'ennemis, sans les petits garçons. Pour moi, je ferais volontiers le sacrifice d'une partie de mes fruits pour les payer de leur musique, et je ne voudrais pas tuer ce merle joyeux qui chante si gaîment dans le verger, même quand il devrait manger toutes mes cerises.

Vous avez un serin de Canarie dans votre cage, Charlotte ; j'espère que vous aurez soin de le tenir propre et de le bien nourrir. Il n'a jamais connu le prix de la liberté ; ainsi il n'éprouve point le regret de l'avoir perdue. Au contraire, si vous lui donniez la volée, il mourrait peut-être de faim, faute de la nourriture qu'il aime. De plus, il ne pourrait pas résister aux rigueurs de l'hiver, parce qu'il est d'une espèce qu'on a transportée d'un pays beaucoup plus chaud que le nôtre. Mais si vous preniez un pauvre oiseau accoutumé à voler dans les bois, à sautiller de branche en branche, à gazouiller dans l'épaisseur des buissons, il commencerait d'abord à se tourmenter, à se frapper la tête contre les barreaux de la cage ;

enfin, lorsqu'il verrait qu'il ne peut sortir, il irait se tapir tristement dans un coin, il refuserait de manger et de boire, jusqu'à ce que la faim et la soif l'y obligeassent à la dernière extrémité, et il mourrait peut-être avant que d'avoir pu s'accoutumer à sa prison.

J'ai connu un petit garçon, très bon enfant d'ailleurs, mais qui aimait tant les oiseaux qu'il se servait de tous les moyens pour en avoir. Un jour il venait de leur tendre des lacets et de leur dresser des trappes, lorsqu'on vint le chercher de la ville, de la part de sa maman ; il partit aussitôt, oubliant, dans l'étourderie de son âge, d'aller défaire ses piéges, ou d'en parler à personne dans la maison. Il ne revint qu'au bout de huit jours ; et la première nouvelle qu'il apprit fut qu'un pauvre roitelet avait été malheureusement écrasé sous une trappe, et qu'une fauvette s'était cassé la jambe dans les nœuds d'un lacet. Dites-moi, je vous prie, mon cher Henri, si vous n'auriez pas eu bien de la douleur, à sa place, d'avoir fait souffrir une fin cruelle à deux si gentilles créatures, qui, loin de lui avoir fait aucun mal, avaient peut-être cent fois réjoui ses yeux par la légèreté de leur vol, ou charmé ses oreilles par la douceur de leur ramage ?

LES ABEILLES.

La bonne Geneviève vient de nous apporter un

rayon ou gâteau de miel nouveau. Vous allez en goûter, et vous le trouverez exquis. Vous rappelez-vous que, il y a deux mois environ, nous avons vu un essaim d'abeilles sortant d'une ancienne ruche? Nicolas, qui les guettait depuis une demi-heure, ne les aperçut pas plus tôt en l'air que, se cachant le visage et les mains pour ne pas être piqué, il les fit s'abaisser sur un buisson en leur jetant de la poussière à pleines mains, et les mit ensuite dans une ruche vide qu'il avait préparée exprès. Eh bien! voici une portion du travail qu'elles ont fait dans leur nouvelle demeure, et des provisions qu'elles y ont amassées.

Elles sont en très grand nombre dans leur habitation, quelquefois même jusqu'à trente mille et plus; cependant il règne parmi elles le plus grand ordre : dans chaque ruche une principale abeille, que nous nommons la reine, maintient l'ordre et la propreté, ne souffre pas que les abeilles restent oisives, les envoie dans les champs, dans les jardins, dans les prairies et les bois, chercher la cire et le miel dont elle règle l'usage. C'est elle qui veille à la construction des édifices de la ruche, à l'éducation des jeunes abeilles; et quand cette jeunesse est en état de pourvoir à sa subsistance, elle les oblige à sortir de la ruche, sous la conduite d'une jeune reine de leur âge · c'est ce qui forme l'essaim dont je viens de vous parler.

Dès le jour que Nicolas a recueilli les jeunes abeilles dans la ruche, elles ont aussitôt, sans perdre un moment, travaillé à faire ces petites cellules que vous voyez, et qui sont en cire. Cette cire, qui est jaune quand elle sort des ruches, sert à donner au bois des meubles, au plancher, le luisant et la propreté. Elle entre dans la composition des onguents que l'on met sur les blessures; et quand on l'a fait blanchir, on l'emploie à faire la bougie qui nous éclaire, les cierges que vous voyez dans l'église, et mille autres choses très utiles.

Vous souvenez-vous, Henri, qu'hier au soir, ayant mis votre petit nez au milieu d'un lis pour en sentir l'odeur, vous l'avez retiré tout couvert d'une poussière jaune? Eh bien! c'est avec ces petits grains de poussière que les abeilles font leurs cellules de cire ; elles les trouvent en très grande abondance sur les lis ; il y en a moins dans les autres fleurs simples, et point dans les doubles. Pendant que la construction avance, d'autres abeilles vont sur les fleurs recueillir le miel qui se trouve au milieu du calice des fleurs simples, et sur les feuilles de certains arbres : elles l'apportent dans leur petit estomac, et le dégorgent dans les cellules, qu'elles ferment avec de la cire quand elles les ont remplies.

Ces provisions leur servent pour se nourrir pendant les jours qu'elles ne sortent pas, à cause des pluies et des froids; et comme elles travaillent continuellement, elles en amassent plus qu'il ne leur en faut ; c'est leur superflu que Nicolas leur a ôté, et dont on vient de nous apporter une partie.

A présent ouvrons ces petites cellules : voyez comme le miel est pur ! Vous le trouverez bon, mes enfants ; j'en suis charmée. Charlotte, vous voulez voir ces abeilles près de leur ruche ; eh bien ! mes amis, je vous y mènerai ; mais je vous préviens que leur piqûre fait beaucoup de mal. J'ai vu un petit garçon de l'âge de Henri, qui, après avoir fouetté sa toupie, s'approcha d'une ruche ; et comme les abeilles étaient tranquilles, il y introduisit le manche de son fouet, en le remuant avec vivacité ; les abeilles en fureur sortirent et se jetèrent sur lui : il fut bien piqué, et s'enfuit en jetant des cris ; il souffrit beaucoup, et personne ne le plaignit, parce qu'il s'était attiré ce malheur.

S'il se fût approché des abeilles avec tranquillité, et sans les effaroucher, il eût pu les regarder sans le moindre danger.

Venez, mes amis, nous allons les voir ; vous les craignez parce qu'elles font beaucoup de bruit ; c'est ce qui a lieu les jours de beau temps, depuis midi jusqu'à trois heures, parce que les abeilles sortent en grand nombre pour se récréer et prendre l'air.

Les petites abeilles que vous voyez sont les ouvrières de la ruche, les travailleuses ; ce sont elles qui construisent les édifices en cire, comme celui que vous a apporté la bonne Geneviève ; ce sont elles qui vont chercher le miel, qui entretiennent la propreté dans la ruche, qui veillent à la porte pour en défendre l'entrée ; elles gardent aussi la reine, qui ne sort point. Ces grosses mouches noires, qui font beaucoup de bruit en volant, sont les papas de la ruche. Vous me demandez, Charlotte, pourquoi ces papas font tant de bruit en volant. Vous trouvez que leur chant n'est pas agréable. Mes amis, ce bourdonnement ne sort pas de leur bouche ; les abeilles et toutes les mouches que nous voyons ont sous les ailes de petits trous par où l'air entre dans leur corps et en ressort ; c'est l'agitation de leurs ailes sur ces petits trous qui cause le bourdonnement que nous entendons ; c'est comme la toupie d'Allemagne de Henri. Cette toupie creuse est percée d'un petit trou ; plus elle tourne vite, plus le bourdonnement est fort : aussi plus les mouches agitent leurs ailes, et plus elles sont grosses, plus le bourdonnement est considérable.

Il y a d'autres espèces d'abeilles qui ne vivent pas en commun comme celles-ci ; on les nomme *abeilles solitaires ;* telle que l'abeille *perce-bois,* qui fait des trous dans les morceaux de bois et s'y loge ; l'abeille *maçonne,* qui fait son nid avec de la terre humectée ; la *cardeuse,* la *coupeuse de feuilles,* la *tapissière,* et beaucoup d'autres espèces, les œuvres du créateur étant variées à l'infini. Vous me demandez,

Charlotte, pourquoi on appelle une espèce *abeille tapissière?* C'est, mes amis, parce qu'elle tapisse sa petite demeure ; et voici comme elle s'y prend.

Elle fait un trou dans la terre, de la profondeur d'un des doigts de Henri ; elle va ensuite chercher le la fleur de coquelicot, et commence par tapisser l'entrée avec un petit rebord, de manière que l'on voit un petit trou dans la terre entièrement bordé de rouge ; elle retourne chercher de la même fleur, et tapisse tout l'intérieur en descendant ; enfin elle tapisse le fond : cette opération finie, elle dépose ses œufs dans le trou, avec une pâtée de miel pour la nourriture de ses petits quand ils écloront ; enfin elle détache les bords extérieurs de sa tapisserie, les pousse dans le trou, les recouvre de terre qu'elle bat pour l'affermir : rien n'est plus admirable.

LES PAPILLONS, LES CHENILLES ET LES VERS A SOIE.

Après quoi donc courez-vous si vite, Henri? Oh! c'est un papillon! Vous l'avez attrapé? ne serrez pas vos doigts, de peur de blesser la délicate et frêle créature. Vous croyez peut-être avoir pris un petit oiseau qui n'a fait que voltiger toute sa vie? Non, non, il n'en est pas ainsi. Tel que vous le voyez, si leste et si brillant, il n'y a que peu de jours qu'il rampait à terre sous la forme d'une chenille hideuse.

En voici une. Regardez-la de tous vos yeux. Découvrez-vous sur son corps rien qui ressemble à des ailes? Non, sans doute. Eh bien! cependant elle viendra papillonner un jour autour de cette fleur sur laquelle vous la voyez se traîner si pesamment aujourd'hui.

On compte plusieurs espèces de chenilles: mais je ne vous parlerai que des vers à soie, parce que c'est l'espèce dont l'histoire est la plus curieuse et la plus intéressante pour nous.

Les vers à soie, avant leur naissance, sont renfermés en de petits œufs que l'on conserve dans un lieu sec jusqu'au retour du printemps. Alors on les expose à une chaleur douce, et l'on en voit sortir de petits vers grisâtres que l'on met soudain sur des feuilles détachées d'un arbre qu'on appelle mûrier, qu'ils aiment de préférence pour leur nourriture. Ils grossissent fort vite, car aussitôt qu'ils sont nés ils se mettent, d'un grand appétit, à manger de ces feuilles, et ils mangent tout le long de la journée. Au bout de neuf à dix jours leur peau se détache de leur corps, et ils paraissent beaucoup moins hideux avec leur robe nouvelle. Ils en changent trois fois encore, le sept jours en sept jours, et à la dernière ce sont le jolis vers très blancs, à peu près de la longueur et de la grosseur de l'un de vos doigts. Ils commencent bientôt à devenir jaunâtres et transparents; leur corps grossit et se ramasse, et ils cessent absolument de manger : c'est le temps où ils se disposent à se mettre à l'ouvrage. Ils grimpent le long des petits brins de genêt ou de bruyère qu'on plante autour d'eux en forme d'arcade, et attachent d'abord, de tous côtés, des soies qu'ils filent un peu grosses, pour y susprendre leur coque. Ils en forment l'extérieur avec une espèce de bourre qu'on nomme fleuret ; puis au-dessous de cette enveloppe grossière ils commencent leur véritable coque, en appliquant des fils plus déliés à cette bourre, qu'ils foulent continuellement avec leur tête, pour donner à l'intérieur de leur édifice une forme ronde, et de la capacité d'un œuf de pigeon. Dès le premier jour, ils se dérobent entièrement à l'œil, sous l'épaisseur de leur travail ; mais la besogne n'est pas encore achevée. Il leur faut un ou deux jours de plus pour terminer en dedans leur ouvrage. Le dernier tissu qui les environne immédiatement est le plus difficile ; car il est plus serré que l'étoffe la mieux fabriquée.

C'est de ces coques, appelées ordinairement cocons, que l'on tire d'abord le fleuret qui sert à faire la filoselle, et ensuite la soie employée dans nos ameublements et dans nos habits. Si nous venions à perdre ces insectes, il n'y aurait plus ni taffetas, ni satin, ni velours.

Pour retirer la soie, on jette dans l'eau bouillante tous les cocons, excepté ceux que l'on réserve pour avoir des œufs, comme je vous le dirai tout-à-l'heure.

5.

Les personnes accoutumées à ce travail en ont bientôt trouvé le premier bout. Elles sont obligées de joindre plusieurs brins ensemble, pour en faire un d'une grosseur raisonnable, et elles le dévident sur de petites bobines. Croiriez-vous que chacun de ces fils a près de mille pieds de longueur?

Je vous ai dit que l'on mettait à part les cocons destinés à donner des œufs. Si vous en ouvrez un avec des ciseaux, que pensez-vous que l'on trouve dedans? un ver à soie? Oh! non, rien qui lui ressemble du tout. On n'y trouve plus qu'une chrysalide, c'est-à-dire un corps sans tête ni pattes qu'on puisse voir. Vous le prendriez pour une fève desséchée. Cependant, si vous touchez une de ses extrémités, vous le voyez se remuer un peu; ce qui annonce qu'il n'est pas mort. En effet, là-dessous est un papillon bien emmailloté, qui déchire ses langes au bout de vingt jours, perce lui-même sa coque, et en sort avec deux yeux noirs, quatre ailes, de longues jambes, et un corps couvert d'une espèce de plumes. Le mâle et la femelle font aussitôt leur petit ménage; et lorsque celle-ci a pondu ses œufs, au nombre de quatre ou cinq cents, ils meurent l'un et l'autre, laissant pour l'année suivante une nombreuse famille propre à leur succéder.

Vous voudriez élever des vers à soie, Charlotte? Je serai bien aise que vous puissiez étudier de vos propres yeux les merveilles opérées par la nature

dans les métamorphoses et le travail de ces insectes. Je vous laisserai volontiers la satisfaction d'en
élever quelques-uns, et je me charge de vous instruire alors de tous les soins qu'ils demandent. Leur
éducation entraîne beaucoup d'embarras dans le pays
où l'inconstance des saisons exige qu'ils soient continuellement renfermés dans de grandes chambres.
Il est des pays, au contraire, où ils naissent sur les
mûriers, se nourrissent d'eux-mêmes, et filent parmi
les feuilles. Ce doit être un joli coup d'œil de voir
ces cocons briller comme des prunes d'or et d'argent, au milieu de la douce verdure.

Les différentes espèces de papillons sont très nombreuses : le nombre des espèces de chenilles est aussi
grand, puisqu'il n'est pas un papillon qui n'ait été
chenille, puis chrysalide, avant de prendre des ailes,
comme je viens de vous dire du papillon de ver à
soie, qui n'est lui-même qu'une chenille.

Une chose bien digne de notre admiration, c'est
l'instinct que la nature donne à toutes les chenilles
de se former une retraite pour le temps où l'état immobile de chrysalide les exposerait sans défense à
leurs ennemis. Les unes, à l'exemple des vers à soie,
filent des coques impénétrables où elles s'enveloppent ; les autres se creusent sous terre de petites cellules bien maçonnées ; celles-ci se suspendent par les
pieds de derrière ; celles-là se lient par une espèce
de ceinture qui les embrasse et les soutient. C'est

ainsi que, sous une apparence de mort extérieure, tout leur corps travaille, pour certaines espèces, même pendant plus d'une année, à prendre la nouvelle forme qui doit renouveler leur existence, en les faisant passer de la condition d'un ver obscur qui rampe sous nos pieds à celle d'un oiseau brillant qui voltige au-dessus de nos têtes.

Les variétés qu'on remarque entre les papillons les ont fait partager en plusieurs classes : l'histoire de chacune offre des particularités fort curieuses. Ces insectes, qui, sous leur première forme, ne nous inspiraient que du dégoût et de l'horreur, deviennent, sous leur forme nouvelle, les objets de notre admiration, et nous inspirent même en leur faveur une sorte d'intérêt. L'éclat des couleurs dont leurs ailes sont peintes ; les sucs délicats dont ils se nourrissent; le bonheur dont ils semblent jouir dans le court espace de leur vie ; les métamorphoses par lesquelles ils sont parvenus à cet état ; tout en eux réveille des idées gracieuses, et excite la curiosité sur une destinée aussi singulière. J'espère que vous goûterez un jour autant de plaisir que moi-même à vous instruire de tous ces détails intéressants.

Je vous aurais encore parlé de plusieurs autres animaux dont l'histoire nous offrirait mille particularités admirables, tels que les castors, les fourmis, etc. ; où pourrais-je m'arrêter, si je cherchais à vous peindre tous ceux qui doivent vous intéresser par

leur instinct, leur forme et leur industrie? Ces détails
m'entraîneraient trop loin des limites que je me suis
tracées. C'est à regret que je me borne à vous les
annoncer pour être un jour l'objet continuel de vos
études et de vos plaisirs. Ce que je ne cesserai jamais de vous dire, c'est que, lorsque vous aurez pris
du goût pour ces connaissances, rien ne pourra jamais vous paraître indifférent dans la nature.

Malgré la quantité prodigieuse d'animaux que nos
yeux peuvent découvrir, il en est sans doute un plus
grand nombre encore de ceux que leur petitesse dérobe à notre vue. Toutes les feuilles des arbres, des
plantes et des fleurs sont peuplées d'une infinité
d'insectes invisibles; il n'est peut-être pas un grain
de sable qui ne soit un monde pour ses habitants.
Qui sait si un ciron n'est pas un éléphant aux yeux
d'un foule d'autres créatures d'une espèce inférieure?
Voici un microscope, c'est-à-dire un instrument qui
grossit les objets, comme le télescope les rapproche
Charlotte, allez-moi, je vous prie, chercher ce vi-
naigre que je tiens, depuis quelques jours, exposé
au soleil. Je vais en mettre ici une goutte. Approchez-vous et voyez. Doucement, Henri, ce n'est pas
tout d'être philosophe, il faut encore être poli : laissez regarder votre sœur la première. A votre tour
maintenant. Eh bien! ne découvrez-vous pas une
multitude de petits animaux qui s'agitent avec une
extrême vivacité! Vous voyez, par cet exemple,

qu'une recherche attentive peut nous faire pénétrer chaque jour de nouvelles merveilles. Quand notre vie serait cent fois plus longue, nous ne viendrions jamais à bout de découvrir tout ce qui est digne de notre curiosité.

Que dit votre frère, Charlotte? qu'il souhaiterait que ses yeux fussent des microscopes? Hélas! mon cher enfant, vous ne savez guère ce que vous désirez. Si vos vœux étaient accomplis, vous verriez, il est vrai, des choses très surprenantes; mais aussi ce que vous regardez maintenant avec plaisir deviendrait pour vous un objet de dégoût et d'horreur. Un homme vous paraîtrait si grand que vous ne pourriez voir à la fois qu'une partie de sa taille; un bœuf vous semblerait plus haut qu'une colline; vous prendriez un ruisseau pour une rivière, un chat pour un tigre, une souris pour un ours : vous seriez continuellement exposé à des méprises ridicules ou dangereuses. Croyez-moi, contentez-vous de ce que vos yeux peuvent vous faire aisément connaître ce qui vous est utile ou nuisible; aidez-vous des instruments inventés pour suppléer à leur faiblesse dans les objets de pure curiosité; et surtout restez convaincus, à l'exemple de Frédéric et de Maurice, que *l'homme est bien comme il est,* pour jouir de tout le bonheur qu'il peut goûter sur la terre.

LA TERRE.

Entrez, entrez, Henri. Approchez-vous, Charlotte. J'ai de grandes choses à vous expliquer aujourd'hui. Regardez ce globe. Savez-vous quel en est son usage? Oh! non, j'imagine. Eh bien! le croiriez-vous? si petit qu'il soit, il représente toute la terre.

Lorsque vous étiez plus jeune encore, vous pensiez peut-être que le monde ne s'étendait pas au-delà de la ville que vous habitez, et que vous aviez vu tous les hommes et toutes les femmes qui le peuplent. A présent vous êtes un peu mieux instruits, car je crois vous avoir dit qu'il y a des millions de millions d'autres créatures semblables à nous. En vous promenant dans la ville, vous avez été surpris de la multitude d'habitants qui se pressent en foule le long des rues, comme des abeilles dans une ruche, aussi nombreux et aussi affairés; ce n'est pourtant que la moindre partie de ceux qui couvrent la face de la terre.

La terre est un globe énorme : celui que nous avons sous les yeux n'en est qu'une espèce de miniature. Vous y voyez une infinité de lignes droites ou tortueuses tracées sur toute sa rondeur, et peintes les unes en rouge, les autres en jaune ou en vert, etc. C'est pour distinguer les divers Etats, comme les haies dans les champs distinguent les possessions des divers particuliers.

Il n'était pas plus possible de retracer entièrement toutes les parties de la terre sur ce globe, qu'il ne l'était au peintre de faire entrer toute la grandeur du visage de votre maman sur le tableau que je porte à mon bracelet. Vous voyez cependant que le portrait lui ressemble ; et on aurait pu le faire encore plus petit.

On pourrait de même, en réduisant ces lignes, les retracer sur une orange; en les réduisant un peu plus, sur un abricot ; et toujours ainsi en diminuant, sur une prune, une cerise, un grain de raisin. Allons plus loin encore. Voici un pois. Vous voyez combien il est plus petit que le globe ? Cependant nous pourrions, avec autant d'adresse que ce graveur qui grava plusieurs mots sur un grain de millet, figurer en raccourci, sur ce pois, les grandes places jaunes, vertes, rouges, qu'on appelle France, Angleterre, Allemagne, etc., assez bien pour montrer quels sont les contours de ces pays, et leur situation l'un par rapport à l'autre.

De la même manière que ce pois ressemblerait au globe, le globe ressemble à celui de la terre.

La surface de la terre n'est pas unie comme celle de ce globe : elle est hérissée de hauteurs, de collines et de montagnes. Mais quoiqu'elles nous paraissent très élevées, et qu'elles le soient effectivement pour d'aussi petites créatures que nous le sommes, elles n'altèrent pas plus la rondeur de la terre que des grains de sable posés sur ce globe n'en pourraient altérer la rondeur. C'est pourquoi nous disons toujours qu'elle est ronde, malgré ses inégalités.

LA MER.

Tout ce que nous appelons le monde n'est pas composé d'une matière solide comme le sol que nous foulons à nos pieds. Entre les différentes parties de la terre il y a des places creuses et remplies d'eau. Les plus grandes que vous voyez répandues çà et là sur le globe sont appelées océans ou mers. Il y en a de moins étendues qu'on appelle lacs ou étangs. Elles ont cela de commun qu'elles sont toujours renfermées entre les mêmes bords. Il y en a d'autres, au contraire, tels que les ruisseaux, les rivières et les fleuves, qui changent sans cesse de rivage, c'est-à-dire qu'ils ont un écoulement qui leur fait successivement parcourir différents pays. Ce ne sont d'abord que des fontaines et des filets d'eau qui jaillissent de la terre. Sitôt qu'ils commencent à prendre un certain cours, on les appelle ruisseaux. Ces ruisseaux, dans leur route, se réunissent à d'autres ruisseaux, et forment ce qu'on appelle une rivière. Les rivières, en continuant de courir, reçoivent dans leur sein d'autres rivières ou ruisseaux, et vont se décharger dans les fleuves, qui vont à leur tour dans la mer.

Vous voyez que la plus grande partie du globe est occupée par les eaux. Supposons que Henri aille déterrer une fourmilière et la porte sur ce globe; elle pourrait servir à représenter les peuplades qui habitent la terre. Comme il n'y a de l'eau qu'en peinture sur le carton, les fourmis seraient libres d'aller par le chemin qu'elles voudraient. Mais si ces endroits étaient creusés à une grande profondeur, et qu'ils formassent des rivières et des mers véritables, comment pourraient-elles aller à travers ces grands espaces d'eau? Il en est de même à notre égard : nous n'aurions jamais pu atteindre ces lieux dont la mer nous sépare, si l'imagination et l'industrie n'étaient venues à notre secours.

Je me plais à imaginer que c'est à des enfants peut-être que nous devons la première idée de la navigation.

Le premier qui, en jouant sur le rivage, vit une écorce d'arbre flotter sur un ruisseau, prit un long bâton pour l'arrêter au passage. En cherchant à l'attraper, il vit que l'écorce ne s'enfonçait dans l'eau que par une certaine pression. Lorsqu'il s'en fut saisi, il y mit des cailloux, de l'herbe, tant que l'écorce put en porter sans couler à fond. Il la suivit un moment des yeux, et courut plein de joie chercher son papa, pour le rendre témoin de cette nouveauté. Celui-ci, en se promenant le lendemain, trouva un arbre énorme dont le tronc était creusé

par les ans. Il le dépouilla de ses branchages et de
ses racines, et le jeta dans l'eau, où il le vit se soutenir à merveille. Peu à peu il eut le courage d'y entrer. Après quelques essais le long du rivage, il imagina, avec l'aide de deux perches pour se diriger, de
traverser le ruisseau. Cette écorce ne résista pas
longtemps aux secousses qu'elle essuyait en abordant sur la plage; elle se fendit, et le pauvre navigateur courut risque de se noyer. Il comprit alors
qu'il lui fallait un bateau plus solide, et il se mit à
creuser le tronc d'un arbre dépouillé de son écorce,
pour naviguer avec plus de sûreté. Dans le même
temps, sans doute, à la vue de quelques branchages
flottant sur les ondes, on eut l'idée de lier plusieurs
pièces de bois ensemble pour en former ce qu'on
appelle un radeau, comme ces trains de bois qu'on
amène sur la rivière à Paris. En les comparant l'un
avec l'autre, on vit que le tronc d'arbre était trop
petit pour un homme et son équipage, et que la
moindre vague, en s'élevant sur le radeau, mouillait
toute la cargaison. On chercha le moyen de réunir
les avantages de l'un et de l'autre, en évitant les in-
convénients auxquels chacun était sujet, et comme
les arts et les instruments s'étaient perfectionnés
dans cet intervalle, on imagina de dégrossir les pièces de bois qui formaient le radeau, de les courber,
et de les réunir ensemble par des chevilles, sous la
forme du tronc d'arbre creusé. C'est ainsi que fut

construit le premier canot, qui fut d'abord bien petit sans doute. On l'agrandit peu à peu, selon la largeur des rivières qu'on avait à traverser. Mais de ces frêles bâtiments, à peine capables de porter quatre ou cinq hommes, qu'il y avait loin encore à un vaisseau de guerre qui porte douze à quinze cents hommes avec leurs provisions pour six mois, des munitions immenses, avec tout l'attirail des cordages et des voilures ! Comme vous n'avez pas vu de vaisseau de guerre, je ne puis vous donner une idée de cette différence qu'en vous priant de comparer la guérite de la sentinelle qui est à la porte des Tuileries avec ce superbe château.

Imaginez-vous, mes amis, quelle fut la surprise de l'homme qui, descendant le fleuve dans un petit esquif, parvint à son embouchure, c'est-à-dire à l'endroit où le fleuve se jette dans la mer.

Transportez-vous un instant vous-mêmes sur ses bords, dans votre pensée : voyez ces vagues immenses, roulant l'une sur l'autre à grand bruit, s'avancer avec majesté sur le rivage, et le couvrir de flots blanchissants d'écume. Vous avez vu cet étang qui est dans le voisinage : il a assez de profondeur pour qu'un homme qui marcherait sur le fond eût de l'eau par dessus sa tête. Mais cet étang, en comparaison de la mer, est moins encore qu'une goutte d'eau en comparaison de l'étang. Regardez sur le globe quel espace elle y occupe. Mesurez en même temps les yeux les plus vastes contrées; vous verrez que la mer est beaucoup plus étendue. En quelques endroits elle est si profonde que la plus longue ficelle, avec un plomb au bout, n'en peut atteindre le fond. Ainsi tâchez de vous représenter quelles idées d'admiration et d'effroi durent saisir cet homme au premier coup d'œil. Il s'imagina sans doute que cette masse d'eau formait les dernières barrières de la terre. Comme le vent soufflait en ce moment avec violence, il conçut sans peine que sa petite chaloupe serait bientôt abîmée sous les flots. Il résolut, avec ses compagnons, d'en construire une plus grande, pour suivre du moins la mer le long de ses rivages. La navigation fut longtemps bornée à ces courses timides; mais de jour en jour les vaisseaux acquéraient plus de perfection. Enfin un homme d'un génie plus hardi que les autres se persuada qu'au-delà de ces vastes mers il y avait d'autres terres, et il forma le dessein de les visiter. Il partit, et il eut la satisfaction de se convaincre par lui-même de la réalité de ses espérances. D'autres après lui entreprirent d'aller plus loin encore. Croiriez-vous que, dans leur course, ils passèrent par un point du monde qui se trouve exactement sous nos pieds, à la distance de toute l'épaisseur du globe de la terre? Vous me regardez d'un air ébahi. Rien de plus vrai pourtant, et j'espère, avant la fin de nos entretiens, vous rendre la chose sensible.

Contentez-vous maintenant de croire, sur ma parole, que l'on peut faire sur un vaisseau le tour entier du monde. Je vais vous donner une idée de ce qui est nécessaire pour une expédition de long cours.

Avant de venir à la campagne, je vous ai montré en petit, chez un machiniste, le modèle d'un vaisseau avez ses mâts, ses voiles et ses cordages, dont on vous a fait le détail. Vous en avez suivi la description avec trop de curiosité pour que je puisse croire que vous en ayez déjà perdu le souvenir. D'ailleurs vous avez fait une fois le voyage d'Auteuil par la galiote de Saint-Cloud, ce qui est à votre âge un fort joli commencement de navigation.

Si le vaisseau n'est pas nouvellement construit, avant de s'embarquer on commence à le réparer à neuf, c'est-à-dire à faire entrer de force, entre les jointures des planches qui le doublent, de grosse filasse qu'on nomme étoupe, et à le bien enduire de poix et de goudron, pour le rendre impénétrable à l'eau, qui pourrait le faire couler à fond si elle entrait par ces fentes. Il faut que les mâts soient bien solides, et les voiles en bon état, pour résister à la force des vents. Alors on porte dans le vaisseau une grande quantité de biscuit bien sec, au lieu de pain qui se moisirait bientôt; plusieurs tonneaux d'eau douce, parce que l'eau de mer est trop amère pour qu'on puisse la boire; enfin des barils de viande salée, attendu que la viande fraîche ne tarderait guère à se corrompre, et qu'on ne trouve point de boucherie sur la route. On emporte des légumes secs pour faire la soupe des matelots durant toute la traversée.

Un vaisseau marchand, outre ces provisions de bouche, prend encore une cargaison, c'est-à-dire des denrées et des marchandises qu'on se propose de vendre dans les pays étrangers, ou d'y échanger contre les productions de l'endroit. C'est ainsi que nous envoyons en Amérique du vin, de la farine, des toiles, des étoffes, etc., et que nous en rapportons du sucre, du café, du coton, que vous connaissez à merveille, et de l'indigo, qui sert à faire des teintures en bleu.

Les vaisseaux doivent aussi emmener un certain nombre d'hommes, les uns plus, les autres moins, à proportion de leur grandeur. Ces hommes s'appellent matelots; et ils ont toujours beaucoup d'ouvrage à faire sur le bord, surtout dans les temps orageux. Représentez-vous en effet un pauvre navire ballotté par la mer en furie, dont les vagues s'élèvent de la hauteur d'une maison, et semblent le lancer dans les airs, pour le précipiter ensuite dans les abîmes; représentez-vous ses voiles déchirées, ses mâts brisés, ses cordages rompus : c'est alors que les matelots ont une terrible besogne! Les uns sont occupés à faire jouer la pompe pour vider l'eau qui est entrée dans le vaisseau; les autres grimpent sur des échelles de corde jusqu'au bout des mâts, pour baisser les voiles, de peur que la violence de la tempête ne fasse renverser le navire, ou ne le pousse contre les rochers, qui le briseraient comme un verre. Vous mourriez, j'en suis sûre, de frayeur dans cette occasion. Mais les marins, avec du courage et de la présence d'esprit, se jouent en quelque sorte de ces bourrasques. Ils veillent surtout à conserver leur gouvernail, cette grosse pièce de bois qui descend dans l'eau le long du derrière du navire, comme une espèce de queue, et qui, tournée à droite ou à gauche, lui fait changer de direction, comme vous voyez ces poissons rouges, enfermés dans un bocal sur ma cheminée, se servir de leur queue pour tourner à leur volonté d'un côté ou de l'autre.

Vous auriez de la peine à croire que les matelots craignent presque autant que la tempête l'état opposé de la mer, c'est-à-dire un calme profond. Dans cette situation, les ondes que je vous ai peintes tout-à-l'heure si enflées et si turbulentes sont tranquilles et unies comme une glace ; les voiles tombent aplaties le long des mâts ; la mer semble dormir, et le vaisseau immobile est comme un tombeau qui renfermerait des êtres vivants. On dirait que ces matelots si actifs et si vigoureux sont frappés d'un engourdissement léthargique. Vous auriez pitié de les voir, les bras croisés sur le pont, se livrer au dégoût et à l'ennui. Mais aussi quelle joie lorsque le vent recommence à s'élever, que les voiles se renflent, que la mer s'agite, et que d'un cours heureux ils s'avancent vers le port, objet de leur désir! Déjà le capitaine, sa lunette en main, cherche le rivage. Les mousses, perchés au plus haut du vaisseau, le sollicitent avidement des yeux. Enfin un cri s'élève : Terre! terre! Toutes les fatigues, tous les dangers sont oubliés. On s'embrasse, on presse la manœuvre, on entre dans le port, et l'on en prend position en y jetant, au bout d'un long câble, une grosse pièce de fer nommée ancre, dont les deux bras recourbés en crochet s'attachent au fond de la mer, et qui, par ce moyen, retient le vaisseau dans l'endroit où il vient de s'établir. On se précipite alors dans une chaloupe, et on aborde la terre, que la plupart baisent de joie, comme après une longue absence vous embrasseriez votre maman.

Mais je viens de vous peindre le vaisseau déjà parvenu au terme de son voyage, tandis que nous l'avons laissé dans les préparatifs de son départ. Il est temps d'aller le rejoindre, de peur qu'il ne s'esquive à notre insu. Aussitôt qu'il a reçu toutes ses provisions et toutes ses marchandises, et qu'il est prêt à mettre à la voile, la capitaine et les matelots n'ont plus qu'à attendre un bon vent pour partir. Je pense qu'il faut d'abord vous apprendre ce que c'est qu'un bon vent. Allons un peu dans le jardin. Il est midi. Plaçons-nous en face du soleil. De cette manière votre visage est tourné vers le midi, et vous

tonrnez le dos au nord ; à votre main droite est
l'ouest, et l'est à votre gauche. Or, vous sentez que,
lorsque le vent souffle derrière vous, il tend à vous
pousser en avant; lorsqu'il vous donne au visage, il
tend à vous pousser en arrière. Vous en avez fait
mille fois l'observation par votre cerf-volant. Mais
il ne souffle pas toujours du même endroit. De quel
côté souffle-t-il à présent, Henri? Tirez votre mou-
choir, prenez-en deux bouts dans vos mains, écartez
vos bras. Voyez-vous? le vent le fait renfler et le
pousse contre votre corps et contre vos jambes. Vous
êtes tourné vers le midi; le vent vient donc du
midi. Rentrons maintenant, et retournons à notre
globe. Voici les quatre points que je vous ai fait
remarquer : Midi, Nord, Est, Ouest. Lorsque le vaisseau veut aller dans un pays qui est au nord, il
faut qu'il ait un vent du midi, qu'on appelle ordinairement du sud, pour le pousser de ce côté; car
si le vent venait du nord, il lui serait impossible
d'aller vers cet endroit; en sorte qu'un voyage devient quelquefois plus long qu'il n'aurait dû l'être
par l'inconstance des vents, qui changent d'un point
à l'autre, et qui obligent par conséquent le vaisseau
de changer de direction. Ne croyez pas toutefois
qu'on soit obligé de retourner sur ses pas pour chaque variation du vent : l'art de la navigation apprend
aux marins une méthode de gouverner le vaisseau
qu'on appelle louvoyer, et qui consiste à courir en

zigzag, tantôt à droite, tantôt à gauche, en s'approchant par degrés du lieu où l'on tend ; au lieu qu'un vent favorable y porterait tout droit, sans avoir besoin de cette pénible manœuvre.

C'est une chose bien surprenante, mais qui n'en est pas moins vraie, que dans quelques parties de la mer, le vent souffle constamment chaque année des mois entiers du même côté ; ce qui facilite extrêmement aux vaisseaux le moyen d'atteindre leur destination : puis après quelques jours, et souvent même un mois de calme, le vent change, et souffle précisément du point opposé; ce qui ramène les vaisseaux à pleines voiles aux lieux d'où ils sont partis. Vous comprenez bien que les marins s'arrangent en conséquence, et qu'ils savent profiter tour à tour de ces directions contraires. On appelle ces vents moussons, ou vents de commerce. Les flèches peintes sur le globe marquent les endroits particuliers vers lesquels ils soufflent.

Lorsque le vaisseau est en pleine mer, on est fréquemment des mois entiers sans voir autre chose autour de soi que le ciel et l'eau. Transportez-vous, par exemple, au milieu de la grande mer du Sud. La terre, de tous côtés, en est très éloignée, et il n'y a point de traces marquées sur la surface des eaux pour montrer le chemin le plus court vers l'endroit où l'on veut aller. Mais ceux qui ont fait ces voyages ont tenu le compte le plus exact qu'il leur a été possible des rochers qu'ils ont évités, des petites îles qu'ils ont rencontrées, et d'autres particularités qui servent à ceux qui viennent après eux de règle pour se diriger. On a rassemblé toutes les observations faites sur les différentes parties de la mer, et, d'après elles, on a formé des tableaux appelés cartes marines, dont tous les vaisseaux ont soin de se pourvoir. En consultant ces cartes, ils trouvent le moyen d'éviter les rochers, les bancs de sable, les gouffres, et tous les autres dangers que l'on doit craindre dans cette partie.

Malgré ces secours, on serait encore bien embarrassé si l'on n'avait la précaution d'emporter une boussole. Vous allez me demander ce que c'est : je ne demande pas mieux que de vous le dire. C'est un instrument qui a l'air d'un cadran de pendule, excepté qu'au lieu des heures, on a mis les points Est, Ouest, Nord, Sud, et tous ceux qui se trouvent entre ces quatre principaux. Dans le milieu s'élève un petit pivot sur lequel est légèrement suspendue une aiguille qui, étant dans un parfait équilibre, a la liberté de se mouvoir tout autour du cadran. On frotte l'aiguille avec une pierre d'aimant, ce qui lui donne la singulière propriété de tourner toujours sa pointe vers le nord. De cette manière, quand on regarde la boussole, on peut toujours voir de quel côté le nord se trouve, et diriger son vaisseau en conséquence, soit qu'on veuille aller vers ce point, ou s'en éloigner.

Puisque je vous ai parlé de l'aimant, il faut bien que je cherche à vous le faire connaître. C'est une espèce de pierre qui ressemble au fer, et qu'on trouve dans les mines avec ce métal. Il attire à lui le fer et l'acier, et se les attache étroitement. Si vous le frottez contre de l'acier ou du fer, il leur commuque sa vertu, quoique dans un moindre degré de force. Vous verrez un jour des expériences très curieuses à ce sujet. En attendant, en voici une petite pierre. Seriez-vous curieux de voir l'effet qu'elle produit sur mes aiguilles? Fort bien. Je vais renverser mon étui sur la table. Les voilà immobiles. Approchez-en l'aimant. Hé! hé! voyez-vous comme elles s'agitent? on dirait qu'elles sont vivantes. N'allez pas le croire, au moins : elles n'ont ce mouvement que parce que l'aimant les attire. Elles seraient parfaitement tranquilles hors de son approche.

Je vous ai dit que l'aimant communiquait au fer et à l'acier la vertu qu'il a de les attirer ; donnez-moi votre couteau, Henri : je vais en faire l'expérience devant vous. Observez comme je frotte d'un bout à l'autre, et toujours sur le même sens. Approchez-le maintenant des aiguilles. Eh bien! ne font-elles pas à peu près le même exercice que si elles étaient approchées d'une véritable pierre d'aimant? Vous seriez curieux de savoir comment cela s'opère, n'est-ce pas! De plus habiles que moi se trouveraient embarrassés à vous l'expliquer. Votre ami vous fera connaître un jour les opinions les plus raisonnables des philosophes sur cet objet. Contentons-nous à présent de nous féliciter de cette heureuse découverte, qui a tiré mille et mille fois les marins d'un grand embarras. Représentez-vous en effet un vaisseau au milieu d'une nuit obscure ou de sombres brouillards, ne pouvant consulter le soleil ni les étoiles qui lui serviraient pour guider sa marche. Que ferait-il sans sa boussole? Il serait obligé de s'abandonner au hasard, et prendrait souvent une route contraire à celle qu'il veut tenir. Mais sa boussole est toujours prête à le remettre sur la voie. C'est un guide qu'on peut interroger en tout temps, et qui ne trompe jamais.

Il me semble voir sur votre mine, Charlotte, que vous n'y prendriez pas encore trop de confiance. On aurait, je crois, de la peine à vous persuader de faire un petit tour en Amérique. Pas tant, dites-vous, s'il n'y avait pas d'eau dans l'intervalle qui nous en sépare. Avez-vous bien réfléchi à ce qui vient de vous échapper? Voyez-vous cette île qu'on appelle la Martinique? Elle est éloignée des ports de France de plus de quinze cents lieues. Cependant il y a des exemples de vaisseaux qui n'ont employé que vingt jours à faire cette traversée, ce qui suppose à peu près une vitesse de trois lieues par heure. Si l'on avait ce trajet à faire sur la terre ferme, emportant avec soi, sur des chariots, toutes les marchandises

dont un navire est chargé, croyez-vous que six mois
pussent suffire à ce voyage, et qu'il ne fallût pas au
moins cent fois plus de dépense? Je suppose enfin
que nous aurions de beaux chemins bien alignés.
Mais si, au lieu de ces belles routes, nous avions toutes les profondeurs de la mer à descendre et à monter, des gouffres presque sans fond à franchir, cette
expédition vous semblerait-elle aussi agréable?
Voilà pourtant ce qui arriverait si la mer en se reti-
rant laissait son lit à sec; et je crois maintenant que
si vous aviez de toute nécessité le voyage à faire,
et l'une des deux manières à choisir, la mer, malgré tous ses dangers, vous paraîtrait mériter la préférence.

Qu'en dites-vous pour votre compte, Henri? Oh!
vous voudriez des ailes. Cela ne vous paraît pas mal
imaginé. Je vous avouerai que moi-même, en voyant
les oiseaux voltiger sur ma tête, et parcourir les espaces de l'air avec tant de vitesse, j'ai souvent désiré
d'être pourvue d'une bonne paire d'ailes comme eux.
Eh bien! j'étais alors aussi folle que vous l'êtes à
présent, mon petit ami; car si nous considéro. de
quelle étendue elles devraient être pour soutenir des
corps aussi lourds que les nôtres, je suis persuadée
qu'elles nous causeraient plus d'embarras qu'elles ne
sauraient nous procurer d'avantages, et que nous
sommes plus heureux d'en être privés. De plus, si
nous avions à traverser un si grand espace, n'aurions-

nous pas besoin de nous reposer par intervalles? et
ne courrions-nous pas risque de nous briser en mille
pièces, en descendant, les ailes déployées, dans les
abîmes que je viens de vous peindre?

Je reviens à vous, Charlotte, pour le projet que
vous aviez tout-à-l'heure, de dessécher d'un souffle
le lit de la mer. Savez-vous ce que cette belle imagination nous aurait coûté? Le dépérissement de la
nature entière. Vous frémissez du risque auquel vous
nous avez exposés. Rassurez-vous; le Créateur, qui
a su disposer toutes choses avec tant de sagesse pour
notre bonheur, n'écoute point nos vœux téméraires.
Cette mer, qui semble à chaque instant menacer la
terre de l'engloutir, est la source de sa fertilité.
C'est elle qui lui fournit ces douces ondées qui la fé-
condent et qui rafraîchissent ses habitants. Vous
avez eu souvent occasion de voir de l'eau exposée
sur le feu produire des vapeurs qui s'attachent en
gouttes au couvercle du vase qui la contient : c'est
ainsi que la chaleur, produite par la présence du soleil, fait exhaler de la mer des vapeurs qui s'élèvent
dans les airs, d'où elles retombent ensuite en pluie,
en neige ou en rosée, soit pour féconder la terre par
une humidité bienfaisante, soit pour entretenir les
ruisseaux, les rivières et les fleuves qui la baignent
et facilitent les communications entre les différents
peuples de l'univers. Je ne puis à présent vous donner qu'une idée légère de cette admirable opération

de la nature. Mon dessein n'est pas de faire de vous des savants, mais d'exciter un peu votre curiosité, sans fatiguer votre attention ni votre intelligence. Vous trouverez un jour des détails plus étendus dans l'ouvrage de votre ami.

En nous entretenant de la terre, dans les premières parties de ce livre, je vous ai parlé des animaux qu'elle nourrit, et de ses productions naturelles. Vous semblez désirer que je vous fasse également connaître ce qui nous vient de la mer. Je me fais un plaisir de vous donner cette satisfaction.

LES POISSONS.

Les habitants des eaux sont les poissons, dont les différentes espèces sont tout au moins aussi nombreuses que celles des animaux terrestres. Il en est d'une grandeur si étonnante que je ne saurais à quoi les comparer ; il en est au contraire d'une petitesse qui les dérobe à la vue, quelques-uns très jolis à voir, quelques autres d'un aspect hideux.

Vous avez vu souvent servir sur nos tables des turbots, des soles, des merlans, des brochets, des dorades, des esturgeons, et une infinité d'autres, dont vous avez trouvé la chair d'un goût délicieux ; tous ceux-là se prennent sur nos côtes. Les pêcheurs, montés sur leurs barques, n'ont qu'à s'avancer un peu dans la mer et laisser tomber leurs filets pour les attraper en grande abondance. Ils les amènent aussitôt dans le port, et de là ils sont dispersés dans tous les lieux où ils peuvent arriver avant de se corrompre.

Il en est en revanche qu'il faut aller chercher un peu loin, tels que la baleine, la morue et le hareng. Je vais vous en parler avec quelque détail, parce que cette pêche est plus considérable, et qu'elle offre des particularités dignes de votre attention.

LA BALEINE.

On peut donner à la baleine le titre de reine de l'Océan. Sa grandeur est énorme : quelques-unes ont deux cents pieds de long. Vous avez trois pieds, Henri ; ainsi une baleine est soixante fois plus longue que vous, et vingt fois plus grosse. Un homme pourrait se tenir à l'aise dans ses entrailles. Elle a une grande queue, capable, par sa force, de renverser d'un seul coup un vaisseau ; ce qui rend sa pêche très dangereuse. Voici comme elle se fait :

Cinq ou six hommes montent sur une chaloupe ; l'un se tient sur le bord. Aussitôt que la baleine s'élève du fond de la mer pour respirer, il lui lance sur le dos un crochet long d'environ six pieds, et qui tient à une longue corde. La baleine, se sentant blessée, plonge aussitôt pour se dérober à d'autres coups. On file la corde de toute sa longueur, et on suit l'animal à la trace de son sang. Le besoin de respirer la fait bientôt remonter, et on lui lance de nouveaux harpons, jusqu'à ce qu'elle meure de ses blessures. Alors elle surnage, et le vaisseau qui suit la chaloupe vient la prendre. Lorsqu'elle est trop grande, on la traîne sur le rivage pour la couper en morceaux; mais si elle n'a que cinquante ou soixante pieds de long, on en fait une espèce de ceinture au vaisseau, et les matelots, avec des bottes dont la semelle est armée de crampons, de peur de glisser, descendent sur son corps et la dépouillent de sa graisse, dont on remplit des tonneaux. C'est cette graisse qui, étant bouillie, rend l'huile dont on se sert ordinairement pour brûler dans les lampes, pour préparer la laine, les cuirs, et pour une infinité d'autres usages. Les busçs du corset de votre sœur, et les baleines de mon parasol, ne sont que des poils de sa barbe; ils lui servent à ramasser les plantes marines, les vers et les insectes dont elle se nourrit. Elle mange aussi des petits poissons, tels que les anchois, les merlus, et surtout les harengs, dont elle est très friande. Ses petits, lorsqu'ils finissent de téter, sont de la grosseur d'un taureau.

Outre le danger d'être renversés par la queue de la baleine, ou par l'eau qu'elle lance en colonnes par deux trous ouverts sur la tête, les pêcheurs courent un autre risque non moins affreux. Comme cette pêche se fait ordinairement dans une mer que la rigueur du climat couvre de glaces, les vaisseaux sont quelquefois brisés par les glaçons, ou s'en trouvent tout-à-coup enveloppés, de manière que l'équipage est réduit à périr de froid.

LA MORUE.

La chair de la baleine n'est pas bonne à manger, celle de la morue, au contraire, est d'un goût délicieux. Elle fait presque la seule nourriture d'une très grande partie des peuples du Nord, qui ne recueillent chez eux que peu de fruits et de blé. Ils en font sécher une partie, qu'ils mangent au lieu de pain, et ils vendent le reste à des marchands qui vont les acheter à vil prix, pour les répandre en différentes contrées.

Mais cette pêche n'est rien en comparaison de celle qui se fait bien loin d'ici, au banc de Terre-Neuve, qu'on appelle le grand banc des morues. Il s'y rend des vaisseaux de tous les coins du monde. Vous pourrez vous former une légère idée de la grande qualité de poissons que l'on y prend, quand vous saurez que la pêche dure trois mois entiers, depuis le mois de janvier jusqu'à la fin d'avril; que cinquante mille hommes au moins y sont employés, et que chacun prend trois ou quatre cents morues par jour. Ces animaux sont si voraces qu'il suffit pour les amorcer d'un morceau d'étoffe rouge, ou d'un hareng de fer blanc, d'où pend l'hameçon. En jetant dans la mer les entrailles de ceux que l'on a déjà pris, on attire les autres, qui viennent pour les dévorer en si grande foule qu'ils se pressent les uns sur les autres, au point que leurs nageoires sont au-dessus de l'eau.

La morue verte, et la morue sèche appelée ordinairement merluche, ne sont que le même poisson diversement préparé. Il suffit de saler la première aussitôt qu'on vient de la vider, parce qu'on la mange dans l'année ; l'autre doit rester exposée pendant quelques jours au vend du nord, qui est si froid et si pénétrant qu'il la dessèche, et la met ainsi en état d'être conservée pendant plusieurs années de suite, sans se gâter. On en fait des tas plus hauts que des maisons, et on en remplit ensuite la cale des vaisseaux qui nous les apportent.

LE HARENG.

Une pêche plus considérable encore est celle des harengs. La multiplication de ces poissons est prodigieuse. Aussitôt qu'ils ont déposé leurs œufs sous les glaces du nord, où leurs ennemis ne peuvent pénétrer, ils partent pour aller chercher leur nourriture en d'autres mers. Ils nagent en grandes colonnes, qui s'élargissent ou se rétrécissent au signal qu'ils reçoivent de leurs conducteurs. Ils forment

quelquefois une ligne de plus cent lieues de front ;
puis ils se séparent par grosses troupes, pour se répandre en divers quartiers ; et enfin, après avoir
parcouru une grande partie du globe, ils se réunissent, et reviennent, par deux colonnes opposées, aux
lieux d'où ils sont partis.

On est averti de leur passage par les oiseaux de
mer qui volent au-dessus de leurs têtes pour les saisir quand ils approchent de la surface de l'eau, et par
les baleines et d'autres gros poissons qui les suivent
toujours comme une proie assurée. La pêche commence le lendemain de la Saint-Jean. Elle ne se fait
que la nuit, soit parce qu'il est plus facile de les distinguer à la lueur que jettent leurs yeux et leurs
écailles, soit parce qu'on peut les attirer par l'éclat
des lanternes qu'on allume le long des filets. Ces
feux, qu'ils prennent pour le jour, servent aussi à
les éblouir, et à les empêcher de voir le piége qu'on
leur a tendu. Il est impossible de se figurer le nombre que l'on en prend dans vingt jours à peu près
que dure cette pêche. Les filets, qui ont plus de
douze cents pieds de longueur, rompent sous le poids.
Il est tel port de la Hollande d'où il part plus de
trois cents barques pour cette expédition ; et l'on y
compte environ cent mille hommes dont elle occupe
les bras.

Les harengs frais se préparent, comme la morue,
par la salaison. Les harengs saurs, après avoir été

exposés pendant six semaines à la fumée, deviennent secs, comme vous les voyez. On les met ensuite dans des barils, bien serrés les uns contre les autres, et on les envoie dans presque toutes les parties du monde, pour servir à la nourriture des pauvres.

Quand je vous ai dit que les différentes espèces d'animaux qui vivent dans la mer étaient tout au moins aussi nombreuses que celles des animaux terrestres, vous n'avez pas entendu que je vous fasse une description particulière de chacun. Je n'ai voulu vous faire connaître que ceux dont vous pouvez entendre parler tous les jours, ou que vous avez occasion de voir le plus souvent. Je me flatte que, lorsque votre intelligence sera un peu plus formée, vous vous empresserez de vous-même de vous instruire davantage; et je puis vous promettre d'avance que vous y trouverez infiniment de plaisir. Savez-vous pourquoi il y a tant de personnes ignorantes dans le monde? C'est que l'on a négligé, dans leur enfance, de leur présenter les objets qui étaient à leur portée, et de les accoutumer ainsi à observer de bonne heure les merveilles de la nature. Les pauvres gens! il faut les plaindre, sans leur faire de reproches, puisqu'ils n'ont pas trouvé de secours pour leur instruction. Mais aujourd'hui que les enfants ont tant de bons livres destinés à leur former l'esprit et le cœur, ne serait-il pas honteux qu'ils fussent méchants ou mal instruits? En tout cas, mal-

heur à ceux qui le seront! puisque les bons principes étant aujourd'hui très répandus, ils ne pourront
pas, comme autrefois, se cacher dans la foule pour
se sauver du mépris. Ils trouveront de toutes parts
des yeux éclairés qui, d'un seul regard, découvri-
ront leurs vices ou leur ignorance; ils seront forcés
de vivre seuls, abandonnés aux dédains des autres,
et au sentiment peut-être plus cruel encore de leur
propre indignité.

Mais revenons à nos poissons. N'allais-je pas oublier de vous dire qu'ils n'ont point de jambes? De
quel air vous me regardez, Henri! Pardon, monsieur; je ne doutais pas encore à quel observateur
je parlais. Permettez-moi cependant de vous apprendre pourquoi ils n'en ont point. C'est parce qu'ils ne
sauraient en faire usage, et qu'elles ne feraient que
les embarrasser. Comme ils ne sortent point de l'eau,
elles leur seraient aussi inutiles pour nager que des
nageoires nous seraient inutiles pour marcher sur la
terre.

N'allez pas croire, d'après cela, que tous les poissons aient des nageoires. La nature, qui n'a rien
épargné pour nous donner tout ce qui nous est nécessaire, est en même temps assez économe pour ne
nous donner rien de superflu. C'est pour cela que
les huîtres et les moules, qui passent leur vie attachées à l'endroit où elles ont pris naissance, ne sont
pas pourvues d'un instrument qui ne leur servirait à
rien.

L'ESPADON.

L'espadon est un animal très grand, puissant et vorace, qui s'étend quelquefois à une longueur de dix-neuf à vingt pieds. Le corps est d'une forme conique, noir sur le dos et blanc sous le ventre; la gueule est large et dépourvue de dents; la queue est très fourchue. La propriété particulière de ce poisson consiste dans sa mâchoire supérieure, prolongée en forme de glaive.

On trouve quelquefois l'espadon sur les côtes de l'Angleterre; mais il est fort commun sur la Méditerranée. Les Siciliens estiment sa chair autant que celle de l'esturgeon.

L'espadon est d'une vigueur étonnante. Le vaisseau de guerre le *Léopard*, au retour d'une croisière, fut frappé par un de ces poissons. Quoique le coup fût donné pendant que le poisson suivait le vaisseau, et qu'il fût nécessairement moins fort que s'il eût été donné dans une direction opposée, le glaive pénétra à travers un pouce du doublage, trois pouces du bordage, et entra de près de quatre pouces dans les couples; le glaive se brisa du choc. Pour enfoncer une clavette à la même profondeur dans le bois, il faut ordinairement huit ou neuf coups d'un marteau de vingt-cinq livres pesant; le poisson n'eut besoin que d'un seul coup de son armure. On conserve au musée britannique un bordage de vaisseau qu'un de ces poissons perça de toute la longueur de son glaive, effort qui coûta la vie au monstre.

Ce poisson ne rencontre jamais la baleine qu'il ne l'attaque aussitôt. Quelquefois deux espadons se réunissent contre la baleine ; celle-ci a recours à son énorme queue ; mais les espadons esquivent ordinairement ses coups redoutables et chargent leur ennemie de leurs propres armes : la baleine plonge en vain ; elle est poursuivie et serrée de près ; enfin elle est forcée de céder le champ de bataille. Les blessures qu'elle reçoit dans le combat ne pénètrent pas à travers la graisse qui charge son corps ; sa défaite n'a pour elle d'autre suite que l'obligation de se retirer.

L'espadon et le porte-glaive sont également insatiables et voraces : ils attaquent tous les êtres vivants qu'ils rencontrent ; leurs armes formidables leur donnent de grands avantages sur tous les autres poissons.

LA RAIE.

Ce poisson est le plus grand et le meilleur de l'espèce ; sa chair est blanche, ferme et savoureuse. La raie atteint souvent une grosseur énorme. Le corps est large et aplati, d'une couleur brune sur le dos et blanche sous le ventre. La différence principale entre la raie et le thornback consiste en ce que la raie a les dents tranchantes et une seule rangée d'aiguillons à la queue, tandis que l'autre a les dents émoussées. La femelle produit ses jeunes depuis le mois de mai jusqu'en septembre. Chacun des jeunes est renfermé dans un sac oblong, angulaire, couleur marron, de la consistance du parchemin ou d'une peau, avec deux cornes à chaque extrémité. Les pêcheurs, qui les prennent souvent près des côtes, après la tempête, leur donnent le nom de poches.

LE SAUMON.

Le saumon est un poisson à nageoires abdominales douces. Ces poissons ont deux nageoires dorsales, dont la dernière est charnue et privée de rayons; leur mâchoire et leur langue sont également pourvues de dents; le corps est couvert d'écailles rondes et faiblement rayonnées, la couleur du dos et des côtés est d'un vert tantôt uni, tantôt tacheté de noir. Les couvertes des branchies offrent la même variété; le ventre est d'un blanc argentin; le museau est très aigu; et, dans les mâles, la mâchoire inférieure se retire quelquefois en forme de crochet.

Le saumon se tient aussi bien dans les eaux douces que dans les eaux salées; cependant il semble confiné dans la mer du Nord; on ne le voit pas dans la Méditerranée, ni dans les eaux des climats chauds. En automne il accourt dans les rivières pour déposer le frai ; les cataractes ne l'arrêtent pas dans cette course ; sur le Liffey, il franchit une chute d'eau de plus de quatre-vingts pieds de hauteur.

Les saumons se plaisent surtout dans les rivières rapides, pierreuses, dont le lit n'est pas embarrassé de vase. Leur chair donne une excellente nourriture.

La Tamise, la Saverne, le Trent et le Tyne, sont les fleuves de l'Angleterre où l'on prend le plus de saumons ; les pêcheries d'Ecosse sont très productives.

Ce poisson meurt dès qu'il est hors de l'eau ; pour qu'il ne perde pas sa saveur, il faut le tuer au moment de le prendre ; les pêcheurs les percent ordinairement d'un coup de couteau près de la queue : la perte du sang les fait mourir de suite.

L'ÉPERLAN.

Ce poisson, dont on connaît deux espèces, répand une odeur assez forte, que l'on compare tantôt au parfum de la violette, tantôt au goût du concombre.

Le fait est que cette odeur est si peu agréable, que les Allemands ont donné à l'éperlan le nom de poisson fétide.

La première espèce, appelée hepsetus, a près de douze rayons vers la nageoire de l'anus ; on la trouve dans la mer du Nord, et abondamment près de Southampton, et sur quelques autres côtes de l'Angleterre. Il est à demi-transparent, couvert d'écailles minces, argentines, qui se détachent aisément ; sous la ligne latérale s'étend une suite de petits points noirs ; la mâchoire inférieure s'avance plus que la supérieure, qui est armée de quatre fortes dents ; la queue est très fourchue.

Ce poisson n'a guère plus de six pouces de long ; sa chair est tendre, d'une saveur agréable.

L'autre espèce, appelée menidea, a vingt-quatre rayons à la nageoire de l'anus. Ce poisson est presque transparent ; il est nuancé çà et là d'un grand nombre de points noirs. Il n'a quelques dents qu'aux lèvres. On le trouve dans les eaux vives de la Caroline. La peau est si mince que, au moyen du microscope, on distingue fort bien la circulation du sang.

On les pêche à la ligne. On prend souvent pour les amorcer des poissons de leur propre espèce.

On prend ces poissons en fort grand nombre sur la Tamise et sur le Dee, dans les mois de novembre, décembre et janvier ; ils fraient ordinairement en mars et avril.

Les éperlans diffèrent entre eux de grosseur.

LA CARPE.

La carpe a la tête grosse, les lèvres épaisses, le

front large, quatre barbillons attachés à la mâchoire supérieure, la ligne latérale un peu courte, une longue nageoire au-dessus de l'anale, des ventrales et d'une partie des pectorales. Le corps, qui forme un ovale allongé, est épais, couvert d'écailles, grandes, arrondies, et striées longitudinalement. Du bleu verdâtre paraît ordinairement sur le dos; une série de petits points noirs le long de la ligne latérale, un jaune mêlé de bleu et de noir sur les côtés, un jaune plus clair sur les lèvres ainsi que sur la queue, une nuance blanchâtre sur le ventre, une rouge sur l'anale, et une teinte violette sur les ventrales et sur les caudales; la queue est fourchue.

Les carpes peuplent toutes les eaux lentes de l'Europe et de la Perse; elles dépassent rarement quatre pieds de long et vingt livres de pesanteur; cependant on en cite plusieurs de plus pesantes. Jovius fait mention d'une carpe du lac de Como, qui ne pesait pas moins de deux cents livres.

Le prompt accroissement de la carpe fait de ce poisson une acquisition précieuse pour nos étangs; et si l'on donnait des soins mieux entendus à son entretien et à sa nourriture, on pourrait en tirer de très grands avantages.

Les carpes fraient en juin, quelquefois au mois de mai. Dans les années précoces elles déposent leurs œufs dans des endroits couverts de verdure et de plantes. Elles se nourrissent principalement de vers et d'insectes aquatiques.

La carpe déploie dans ses habitudes un instinct si rusé, que le peuple de la campagne l'appelle le renard de rivière; elle saute souvent par-dessus le filet, ou bien se met la tête dans la vase, et le laisse passer par-dessus son corps. Cependant. si l'on a bien soin de la nourrir, on peut l'apprivoiser, au point de la faire sortir de l'eau au signal donné, de venir chercher du pain, et de se laisser toucher paisiblement.

Ces poissons deviennent très vieux. et leur vie est si tenace qu'on peut les conserver vifs plus de quinze jours dans de la paille fraîche ou de la mousse; il ne s'agit que de les bien envelopper, ne laisser en évidence que leur bouche. les tenir dans une cave ou dans quelque autre endroit frais, les plonger souvent dans l'eau, et les nourrir de pain blanc et de lait.

L'ANCHOIS.

L'anchois dépasse rarement six pouces de long; le plus communément il n'en a pas deux ; le museau est pointu; la mâchoire supérieure dépasse l'inférieure ; les yeux sont grands ; le corps est rond et mince, le dos est d'un vert foncé; les côtés et le corps sont d'un bleu argenté ; une longue écaille pointue partage les nageoires ventrales; la queue est fourchue.

Dans différentes saisons de l'année, les anchois visitent l'océan Atlantique et la mer Méditerranée. Ils traversent le détroit de Gibraltar pour se diriger vers le Levant, dans les mois de mai, juin et juillet. La plus grande pêche se fait à Gorgone, petite île à l'occident de Leghorn, où l'on prend ce poisson dans des filets pendant la nuit. On les attire par des lumières qu'on fixe à la poupe des vaisseaux.

Pour les conserver, on leur coupe la tête, et on les emmarine dans des barils, après avoir enlevé le fiel et les entrailles. On les mange aussi frais.

On a reconnu par l'expérience que les anchois pris au flambeau étaient d'une qualité inférieure à ceux qu'on prend d'une autre manière.

Depuis le mois de décembre jusqu'en mars, on en prend immensément sur les côtes de la Provence et de la Catalogne; pendant les mois de juin et de juillet, la pêche est abondante dans le canal de l'Angleterre, dans les environs de Bayonne, Venise, Rome et Gênes.

C'est avec la saumure des anchois que les anciens préparaient leur fameuse sauce de garum.

LE TURBOT.

Le turbot, comme tous les poissons plats, atteint une grosseur considérable. On en a vu qui pesaient entre vingt-cinq et trente livres.

Les turbots ont une forme presque carrée. Les

poissons plats nagent sur le côté ; ce qui les a fait classer tous par Linnée sous le nom générique de pleuronectes. Les autres individus de ce genre ont les deux yeux à la droite de la tête ; le turbot les a à la gauche. Ce qu'il y a de remarquable dans ce poisson, c'est que, tandis que les parties inférieures sont d'un blanc brillant, les parties supérieures sont colorées de taches ; de telle sorte que lorsque le poisson est à demi plongé dans la vase ou la boue, il échappe entièrement à la vue. Le turbot connaît si bien cette singularité, qu'au moindre danger qui le menace il s'enfonce dans la vase et demeure immobile. Le pêcheur expérimenté, ne pouvant plus le découvrir des yeux, a recours à une sorte de faucille, et le déterre ainsi. Le turbot ne se sert pas seulement de ce moyen pour se garantir ; c'est aussi une ruse qu'il met en œuvre pour attirer ses imprudentes victimes et les saisir avec plus d'assurance.

Les meilleurs turbots se pêchent sur les côtes de la Hollande et de l'Angleterre. A Yorkshire on va à la recherche des turbots dans des canots qui portent trois hommes ; chacun d'eux est pourvu de trois lignes d'une longueur extrême, armées de deux cent quatre-vingts crochets séparés l'un de l'autre d'environ six pieds. Des plombs maintiennent les lignes dans le fond de la mer, et l'on se règle sur la marée pour jeter ou relever les cordes ; les chaloupes ont près de vingt pieds de long et cinq de large. Elles sont assez fortes pour résister aux fureurs de la mer, et sont pourvues au besoin de trois rangs de rames et d'une voile.

On se sert ordinairement, pour amorcer les turbots, de harengs frais coupés en long, de petites lamproies, de morceaux de morue, de vers de terre, de moules. A défaut de ces appâts, les pêcheurs ont recours au foie de bœuf.

Les turbots sont si difficiles dans le choix de l'appât qu'on leur présente, qu'ils ne touchent guère qu'à des poissons vivants et très frais. Ils ne sont pas non plus attirés par des amorces auxquelles d'autres poissons ont mordu.

L'HUITRE.

L'huître est un de ces animaux qui paraissent, au premier coup d'œil, avoir été traités avec un peu de rigueur par la nature, mais qui, sous un autre aspect, attestent le plus hautement la sagesse et la providence divines. Renfermée dans une étroite prison, privée de mouvement et d'industrie, elle n'en trouve pas moins sa subsistance. En entr'ouvrant ses écailles, elle reçoit à chaque instant de la mer les petits insectes, les débris de plantes et les sucs limoneux dont elle se nourrit.

Les flots se chargent de ses œufs, et vont les poser dans le fond de la mer ou sur les rochers, quelquefois même aux branches des arbres que la marée baigne ; en sorte qu'elles se trouvent tour à tour plongées dans l'eau et suspendues dans l'air. On se plaît à servir sur la table ces branches, couvertes à la fois d'huîtres et de fleurs.

La chair des huîtres est naturellement blanche. Pour les rendre vertes, on va les pêcher sur les rochers ou au fond des eaux, et on les enferme le long des bords de la mer, dans de petites fosses. Au bout de six semaines, la mousse qui se forme dans ces fosses, et qui rend l'eau verdâtre, comme vous la voyez dans nos mares, imprègne les huîtres de cette couleur.

Les écailles, au bout de vingt-quatre heures, commencent à se former sur les huîtres naissantes. Je vous en ai fait observer de presque imperceptibles, attachées à la coquille de leurs mères.

Quelques oiseaux de mer aiment les huîtres autant que nous. Ils attendent qu'elles ouvrent leurs écailles pour fondre précipitamment sur elles et les percer à coups de bec, avant qu'elles aient pu se claquemurer. Quelquefois aussi l'huître leur prend à eux-mêmes le bec en se refermant.

Le crabe, son ennemi mortel, est plus adroit que l'oiseau. Lorsqu'il voit l'huître s'entr'ouvrir, il jette entre ses coquilles un petit caillou qui les empêche de se rejoindre ; et alors il dévore sa proie sans danger.

Il est une espèce d'huître appelée perlière, qui produit les perles que vous voyez aux colliers des femmes, et la nacre dont on fait des jetons, des navettes et des manches de couteaux. Les perles se trouvent soit dans le corps de l'animal, soit attachées à l'intérieur de ses écailles ; ces mêmes écailles forment la nacre. Des hommes accoutumés dès l'enfance à plonger vont les chercher au fond de l'eau, quelquefois à cent pieds de profondeur. Ils en remplissent des sacs, et viennent les décharger sur le rivage. On attend que l'huître s'ouvre d'elle-même, ce qui arrive au bout de deux ou trois jours ; et alors on lui arrache ses trésors, auxquels notre folie met un assez grand prix pour exposer de malheureux plongeurs à être dévorés par des poissons voraces, à se briser contre les rochers, ou à être étouffés par les eaux.

On est parvenu à imiter les perles naturelles par des perles fausses, au point d'en rendre la différence très peu sensible. Il est un petit poisson appelé ablette, dont les écailles sont très brillantes. On rassemble ces écailles dans l'eau, et on les frotte pour en détacher une matière visqueuse dont elles sont couvertes. Cette matière se précipite en liqueur argentée au fond du vase. On la recueille avec soin, et on y mêle un peu de colle de poisson, qui lui donne plus de consistance ; ensuite on a des grains de verre fin, creux et très minces, où l'on fait entrer une goutte de cette liqueur; on roule les grains avec adresse, pour que la matière s'y répande partout également, et y forme une couche bien unie : lorsqu'elle est sèche, on fait couler de la cire fondue dans le verre, pour donner à la perle de la solidité, du poids et de la blancheur.

Les perles fausses ont l'avantage d'être plus égales entre elles que les perles véritables, et d'avoir la grosseur qu'on veut leur donner. Si elles n'ont pas tout-à-fait le même éclat, du moins elles sont infiniment moins coûteuses ; elles réussissent aussi bien dans la parure, et n'inspirent jamais à celle qui les porte la crainte de les avoir achetées au prix de la vie d'un de ses semblables. N'est-il pas déjà assez cruel de compromettre l'existence de ses frères pour se procurer les douceurs de la vie, sans la risquer encore pour les plus méprisables jouissances de la vanité? Quelle petitesse d'esprit de s'estimer davantage pour de beaux habits et des bijoux ! Ces insensés devraient considérer un moment que l'or, l'argent et les pierreries dont ils sont chargés étaient ensevelis dans les entrailles de la terre, et qu'ils n'ont pas même le mérite de les avoir travaillés; que leurs soieries ne sont que les dépouilles d'un petit ver rampant qui les a portées avant eux; que, sans l'industrie de ces honnêtes ouvriers qu'ils méprisent, ils n'auraient su en tirer aucun parti. Eh! que deviendraient les riches sans les pauvres? Seraient-ils en état de faire leurs chaussures, de bâtir leurs maisons, de labourer leurs terres, de tondre leurs troupeaux, et de faire une infinité d'autres choses devenues nécessaires dans l'état où se trouve aujourd'hui la société ? Qu'ils se parent, s'ils veulent, avec un peu plus d'éclat, pour encourager l'industrie et soutenir les manufactures ; mais qu'ils apprennent en même temps à se conduire avec douceur et bienveillance envers ceux dont les mains sont employées à leur service ! Qu'ils se souviennent que le moindre artisan, s'il remplit les devoirs de sa condition, est un membre de l'Etat plus utile qu'eux-mêmes, à moins qu'ils ne se distinguent autant par leur modestie et leur générosité que par leur rang et par leurs richesses !

De leur côté, les pauvres ne doivent jamais oublier les égards dont ils sont tenus envers leurs supérieurs, mais les traiter avec respect et fidélité, et surtout ne point leur porter une jalouse envie. S'ils sont économes, sobres et laborieux, ils peuvent, dans quelque métier qu'ils exercent, être aussi heureux que les riches, par la jouissance d'une santé robuste, le repos de l'esprit et le calme de la conscience, sans être exposés aux inquiétudes et aux agitations qui tourmentent presque toujours dans une situation plus élevée.

Ces réflexions nous ont un peu écartés de l'objet de notre entretien ; mais je vous les ai présentées comme elles devraient se présenter souvent à notre esprit, afin de nous former une philosophie aussi douce pour nous-mêmes que favorable pour nos frères. Tout le bonheur sur la terre consiste en deux choses bien simples, et qui devraient être bien aisées : *Aimer et se faire aimer*.

LA MOULE.

Il est aussi des moules dans lesquelles on trouve de la nacre et des perles. D'autres ont des coquilles de la plus grande beauté, qui réunissent toutes les couleurs de l'arc-en-ciel. Quelques-unes sont si grosses qu'elles pèsent jusqu'à une demi-livre sans leurs coquilles.

La moule, comme l'huître, demeure immobile sur le rocher où elle a pris naissance. Pour empêcher que les vents ou les flots n'emportent sa maison, elle allonge hors de sa coquille une espèce de bras dont elle est armée, et tend autour d'elle une multitude de petits filets qui, l'assujétissant de tous les côtés, sont comme autant de câbles qui la retiennent à l'ancre.

L'ennemi particulier de la moule est un petit coquillage qui s'attache sur sa coquille supérieure, la perce d'un petit trou fort rond, et passant une trompe aiguë par cette ouverture, suce la chair jusqu'au dernier morceau.

LE NAUTILE.

Après vous avoir parlé de navigation et de coquillages, la peinture d'un poisson qui navigue dans sa coquille doit sûrement vous intéresser. Ce poisson est le nautile. On prétend que c'est de lui que les hommes ont appris à naviguer. Au moins la forme de sa coquille approche de celle d'un vaisseau; et l'animal semble se conduire sur les ondes comme un pilote conduirait son navire.

Quand le nautile veut s'élever du fond de la mer, il retourne sa coquille sens dessus dessous; et à la faveur de certaines parties de son corps qu'il gonfle ou qu'il resserre à sa volonté, il traverse toute la masse des eaux. En approchant de leur surface, il retourne adroitement son petit navire, dont il vide l'eau, à l'exception de ce qu'il lui en faut pour le lester, et pour marcher avec autant de sûreté que de vitesse. Alors il élève deux espèces de bras, et étend, comme une voile, la membrane mince et légère qui les unit. Il allonge et plonge dans la mer deux autres membres qui lui tiennent lieu d'avirons. Un autre lui sert de gouvernail, et il se met à voguer habilement, soumettant les vents et les flots à son adresse. À l'approche d'un ennemi, ou dans les tempêtes, il baisse sa voile, retire son gouvernail et ses rames, et, penchant sa coquille, il la remplit d'eau pour se précipiter plus aisément sous les ondes.

Le nautile est un navigateur perpétuel, qui est à la fois le pilote et le navire. On voit quelquefois, dans les temps calmes, de petites flottes de cette espèce sur la surface de la mer.

LA TORTUE.

Je vais maintenant vous parler de la tortue, dont le nom vous est assez connu par les fables de notre bon ami La Fontaine, où elle remplit souvent un personnage.

On en compte de trois espèces : de mer, d'eau douce et de terre.

Les tortues de mer sont les plus grandes. Il en est de si énormes qu'on a vu quatorze hommes à la fois monter sur une écaille. Cette écaille peut former toute seule une barque et une maison. Lorsqu'on s'en est servi pendant le jour, pour naviguer le long des côtes de la mer, on la porte le soir sur le rivage; et la voilà qui, soutenue par les rames que l'on fait voguer, devient une petite cabane où l'on trouve un abri contre la pluie et les injures de l'air.

Les tortues de mer prennent leur nourriture dans des espèces de prairies qui sont au fond des eaux, le long de plusieurs îles de l'Amérique. Des voyageurs rapportent que, dans un temps de calme, on découvre sous les ondes ce beau tapis vert, et les tortues qui s'y promènent. Quand elles ont fini leur repas,

elles s'élèvent sur la surface des flots, toujours prê-
tes à s'enfoncer bien vite à l'approche de l'oiseau de
proie ou des pêcheurs qui les guettent. Quelquefois
cependant la grande chaleur du jour les surprend et
les assoupit. On profite alors de leur sommeil pour
les harponner de la même manière que les baleines,
ou pour les prendre vivantes, ainsi que je vais vous
le raconter.

Un plongeur vigoureux se place sur le devant
d'une chaloupe. Parvenu à une petite distance de la
tortue flottante, il plonge doucement de peur de la
réveiller, et va remonter fort près d'elle. Alors, sai-
sissant tout-à-coup l'écaille vers la queue, il s'appuie
sur le derrière de l'animal, et fait enfoncer cette partie dans l'eau. La pauvre tortue n'a pas l'esprit de
réfléchir qu'en plongeant elle se débarrasserait de son
ennemi. Vous avez lu l'histoire de l'âne de la fable,
qui, après avoir fait tant de façons pour entrer dans
le bateau quand on le tirait par son licou, s'y préci-
pita brusquement lorsqu'on s'avisa de le tirer en arrière par la queue? Eh bien ! la tortue n'y met pas
plus de finesse. Dès qu'elle se sent tirer vers le fond
de l'eau, elle s'efforce de se soutenir au-dessus, en
agitant ses pattes de derrière. Ce mouvement en effet
l'y soutient elle et le plongeur ; mais pendant ce débat les autres pêcheurs arrivent, la renversent adroitement sur le dos ; et comme, dans cette situation,
elle ne peut plus s'enfoncer, ils la poussent de leurs

mains jusqu'à la chaloupe. On prétend qu'elle jette alors de profonds soupirs et verse des larmes abondantes.

On prend aussi les tortues de mer sur la terre. La chasse la plus considérable se fait dans l'île de l'Ascension. Elle est encore inhabitée, parce qu'on n'y a pu découvrir aucune source d'eau douce; mais la quantité de tortues qu'on y trouve engage la plupart des vaisseaux à s'y arrêter, à dessein d'en faire leur provision pour les matelots attaqués du scorbut, qui est une maladie que l'on prend ordinairement sur la mer. Cette île, pour vous le dire en passant, est une espèce de bureau de poste, parce que les marins, en s'éloignant du rivage, y laissent un billet dans une bouteille bien fermée, pour donner de leurs nouvelles à ceux qui viennent après eux, et en apprendre à leur retour.

La pente unie et facile du sable dont elle est bordée est très favorable pour les tortues, qui viennent, dit-on, de plus de cent lieues pour y faire leur ponte. Vous voyez encore par là combien la tortue de mer est différente à cet égard de la tortue de terre, dont la lenteur a passé en proverbe. Celle-ci emploierait toute sa vie à faire ce voyage; les autres, grâce à leur talent de nager, le font en peu de temps. Elles descendent sur la plage, et remontent un peu au-dessus de l'endroit où les flots peuvent atteindre. Alors, avec leurs pattes elles creusent un trou peu profond où elles déposent leurs œufs ; puis elles les recouvrent légèrement de sable, afin que la chaleur du soleil les échauffe et fasse éclore les petits.

Ces œufs sont d'une forme ronde, et de la grosseur d'une bille de billard ; ils ont du blanc et du jaune comme les œufs de poule ; mais ils ne sont pas si bons à manger. L'enveloppe en est mollasse, et ils paraissent au toucher comme un œuf de poule durci qu'on a dépouillé de sa coque.

Vingt-cinq jours environ après la ponte, on voit de tous côtés percer de dessous le sable de petites tortues déjà formées, et couvertes de leurs écailles, qui, sans être guidées par leurs mères, seules, et par le pur mouvement de leur instinct, s'acheminent tout doucement vers le bord de la mer. Malheureusement pour elles la force des vagues les repousse, et les oiseaux de proie les enlèvent la plupart avant qu'elles aient acquis assez de vigueur pour manœuvrer contre les flots et gagner le fond de la mer, comme un refuge pour leur faiblesse. Aussi, de deux cent soixante œufs ou environ que pond chaque tortue, à peine en voit-on réchapper une douzaine.

Comme les tortues attendent ordinairement les ténèbres, afin de dérober à la vue des oiseaux le dépôt où elles cachent l'espérance de leur famille, les marins attendent aussi ce moment pour faire leur coup. Dès la fin du jour ils abordent sur la côte, et s'y tiennent sans bruit en embuscade, guettant leur proie d'un œil attentif. Aussitôt que les tortues ont quitté la mer, et en sont assez éloignées pour qu'ils puissent leur couper le retour, ils marchent à elles et les renversent sur le dos les unes après les autres. Cette opération doit se faire avec autant de prudence que d'agilité, de peur que la tortue, en se débattant avec ses pattes, ne leur fasse voler du sable dans les yeux. Dans cette posture incommode, qui la prive de tout moyen de défense, elle ne songe qu'à faire rentrer ses pattes et sa tête sous son écaille, laissant de cette manière la plus grande facilité pour la transporter à bord du vaisseau. Quelquefois on la mange sur le rivage même. Après l'avoir tuée avec précaution, crainte d'endommager ses œufs, on l'assaisonne avec du poivre, du sel, du girofle et du citron, et son écaille sert de casserole pour la faire cuire.

La chair de tortue salée est d'une aussi grande ressource dans l'Amérique que la morue en Europe. On en tire aussi de l'huile. Une grosse tortue en fournit plus de trente bouteilles. La chair des plus petites pèse cent cinquante livres; les tortues ordinaires en donnent deux cents. On en prit une, il y a plusieurs années, sur les côtes de France, d'environ six pieds de long, qui pesait entre huit et neuf cents livres. Deux ans après on en prit une autre, longue de cinq pieds, et du poids de près de huit cents livres. Le foie seul se trouva suffisant pour fournir abondamment à dîner à plus de cent personnes. Sa graisse, que l'on fit fondre, prit la consistance du beurre, et fut trouvée d'un fort bon goût.

La croissance des tortues de mer est très rapide. Un de ces animaux, qu'on avait mis très jeune dans un petit baquet, s'y trouva à l'étroit au bout de quelques jours. On la mit dans une moitié de barrique ordinaire, et l'on se vit bientôt obligé de lui donner un grand muid pour logement. Le vaisseau qui la portait ayant fait naufrage sur les côtes de France, la tortue se sauva dans la mer. Comme il n'en vient point ordinairement dans ces climats, on a soupçonné que celle-ci est l'une des deux dont il était question tout-à-l'heure, qui fut prise quatorze ans après, pesant près de huit cents livres. Elle n'en pesait que vingt-cinq lorsqu'on l'embarqua.

La force de ces animaux est extrême. On en voit qui portent cinq à six hommes assis sur leur dos. Leur vie est aussi très dure et très longue; elle s'étend quelquefois au-delà de quatre-vingts ans.

Les tortues d'eau douce ressemblent beaucoup à celles de la mer. Aux approches de l'hiver, elles viennent à terre, s'y creusent des trous, et y passent toute la saison sans manger, dans un état d'engourdissement. On les voit même dans l'été passer plusieurs jours sans prendre de nourriture. Elles détruisent beaucoup de poissons dans les étangs.

La tortue de terre se trouve sur les montagnes,

dans les forêts, dans les champs et dans les jardins. Elle vit d'herbes, de fruits, de vers, de limaçons et d'autres insectes. Celles que l'on garde dans les maisons pour en faire des remèdes peuvent se nourrir avec du son et de la farine.

L'écaille de toutes les espèces de tortues sert à faire des tabatières, des manches de couteaux, de rasoirs, de lancettes, et une infinité de jolis bijoux.

LES COQUILLAGES.

Outre les poissons dont je viens de vous entretenir, je pourrais vous en nommer plusieurs encore dont la seule peinture ne vous intéresserait pas moins vivement. Les uns sont armés d'une épée ou d'une scie, les autres hérissés de pointes ou d'épines, etc. L'objet pour lequel la nature leur a donné ces armes, l'usage qu'ils en savent faire, les besoins qu'ils éprouvent pour leur subsistance, les moyens qu'ils emploient pour y pourvoir, les différents degrés de leur instinct et de leur industrie, tout en eux et dans tous les autres est bien digne de votre curiosité. Ne sentez-vous point déjà le plaisir que vous goûterez un jour en cherchant à pénétrer les merveilles étalées de tous côtés à vos regards? Que diriez-vous de celui qui, venant d'hériter d'un superbe palais, irait se renfermer stupidement dans l'alcôve la plus enfoncée, sans chercher à connaître les ameublements précieux dont il est environné? Tel, et plus stupide mille fois, serait l'homme, héritier de Dieu sur la terre, qui végéterait entouré de prodiges vivants qui sollicitent sans cesse sa curiosité, sans qu'un noble désir le portât jamais à la satisfaire. Les devoirs que son état, quel qu'il soit, l'obligent de rendre à la société, ne sont point un obstacle à son instruction. Combien d'heures perdues dans des amusements frivoles qu'il pourrait consacrer à acquérir des connaissances utiles, sources inépuisables des plaisirs les plus flatteurs! L'homme instruit n'éprouve jamais dans sa vie un seul moment de solitude ou d'ennui. Dans la profondeur des déserts, il trouve une société nombreuse qu'il interroge, et dont il sait entendre la voix. Un brin d'herbe, un insecte, suffisent pour réveiller en lui une foule d'idées, et pour lui faire parcourir dans un instant le cercle immense de la création. La juste valeur dont il s'accoutume à priser les choses humaines, l'étendue et la dignité que ses réflexions donnent à son esprit, le tiennent aussi loin de l'orgueil que de la bassesse; et ses lumières peuvent élever sa fortune, sans en dégrader l'ouvrage par de vils moyens.

Vous n'êtes pas encore en état, mon cher Henri, de sentir toute la vérité de ce que je viens de vous dire; mais il me semblait voir vos parents auprès de vous, et c'est à eux que je m'adressais pour leur inspirer le désir de travailler à votre bonheur, en vous

faisant acquérir les connaissances qui le procurent.
Je crois aussi lire dans vos yeux que tout ce que vous
avez pu saisir de ce tableau vient d'allumer votre
imagination, et que vous brûlez d'impatience de
vous instruire. Mettons à profit des dispositions si
favorables, et reprenons le ton familier de nos entretiens.

Vous avez vu des bouquets formés de coquilles,
dont les nuances représentaient celles des plus belles
fleurs; vous avez admiré les jolis compartiments
qu'on en faisait sur nos surtouts de dessert, l'effet
agréable qu'elles produisent sur le bord des bassins
dans la décoration des grottes et des cascades : mais
ce ne sont encore là que des coquillages uniformes
et communs, tels que la mer les jette en profusion
sur ses rivages. C'est dans les cabinets des curieux
que vous pourrez en observer d'un choix rare, et
d'une variété presque infinie. C'est là que vous pas-
serez des journées entières à vous extasier sur l'élégance ou la singularité de leurs formes, l'éclat et la
diversité de leurs couleurs.

Chacune de ces coquilles renfermait autrefois un
poisson qui vivait au fond de la mer, retiré dans son
palais immobile, ou qui l'emportait avec lui en na-
geant, par une manœuvre admirable, telle que je
vous l'ai peinte tout-à-l'heure dans l'histoire du nautile.

Une autre histoire non moins intéressante pour

vous est celle d'une espèce d'écrevisse qu'on nomme Bernard l'Ermite, ou le Soldat.

Bernard l'Ermite est couvert d'écailles dans tout son corps, excepté sur l'extrémité du dos. Pour mettre cette partie à l'abri de ce qui pourrait la blesser, il va, dès sa naissance, chercher une coquille vide dans laquelle il s'établit, jusqu'à ce qu'en grandissant il ait besoin d'un logement plus vaste.

Lorsque ce moment est venu, sans quitter sa première coquille, il va sur le rivage en chercher une autre. Dès qu'il l'a trouvée, il sort de l'ancienne pour essayer la nouvelle. S'il ne la juge pas bien proportionnée à sa taille, il va plus loin, mesurant celles qu'il rencontre, jusqu'à ce qu'il en ait une qui lui convienne. Aussitôt il s'y glisse avec une extrême précipitation, et, dans sa joie, il fait deux ou trois caracoles sur le sable. Il a toujours soin de choisir un ermitage assez spacieux pour pouvoir se tapir dans le fond, de manière à le faire croire inhabité; ce qu'il pratique au moindre bruit qui se fait entendre. Si par hasard un de ses camarades se trouve dépouillé en même temps que lui, pour entrer dans la même coquille il se livre aussitôt entre eux un combat, et le plus faible abandonne la coquille au vainqueur.

C'est apparemment pour ces combats que Bernard l'Ermite a obtenu le surnom de Soldat, ou peut-être aussi parce qu'il a l'air d'une sentinelle dans sa guérite.

L'histoire des coquillages forme une branche très curieuse de la connaissance de la nature. On aime à voir comment, pour nous donner dans tous ses ouvrages une idée de sa grandeur et de sa richesse, elle a revêtu un vil poisson de sa livrée la plus brillante.

Des plongeurs vont chercher les coquilles au fond des eaux. La mer, dans les tempêtes qui la bouleversent dans toute sa profondeur, en jette aussi quelquefois sur ses bords.

PLANTES MARINES.

Les plantes marines ne sont pas, à beaucoup près, aussi variées que celles de la terre. Je me contenterai de vous dire quelques mots des algues et des fucus.

Les feuilles de l'algue commune sont d'environ deux ou trois pieds de longueur, molles, d'un vert sombre, et semblables à des courroies. On en trouve une espèce dans les mers du Nord, dont les feuilles sont jaunâtres. Lorsque cette plante est exposée au soleil, il transpire de ses feuilles de petits grumeaux d'un sel doux et de bon goût, dont on fait usage en guise de sucre.

Les fucus sont la plupart ramifiés en arbrisseaux. Il s'élève sur leurs feuilles de petites vessies remplies d'air comme des ballons, qui tiennent la plante debout dans l'eau, ou l'y font flotter. Il en est quelques espèces d'une jolie couleur de rose, de vert et de citron ; on les fait bien tremper dans de l'eau douce en sortant de la mer, puis on les fait sécher entre deux papiers ou sur un carton que l'on couvre d'un verre ; ce qui produit des tableaux fort agréables.

LE CORAIL.

Vous avez pris souvent, mes amis, pour des arbrisseaux ou des plantes ces productions marines que vous aviez tant de plaisir à considérer dans le cabinet de votre papa. Des personnes qui, soit dit sans vous offenser, étaient incomparablement plus habiles que vous, ont toujours vécu dans la même erreur, qui s'est perpétuée pendant plusieurs siècles : ce qui vous prouve avec quelle attention il faut étudier la nature pour découvrir ses secrets.

Je vais d'abord vous parler du corail, qui a dû vous frapper le plus vivement, et qui vous servira à mieux comprendre ce qui concerne les autres.

Le corail, dont la teinte est ordinairement rouge, et quelquefois blanche, ou mélangée de ces deux couleurs, a la figure d'un arbrisseau. Sa plus grande hauteur est d'un pied ou d'un peu plus. Sa tige, à peu près de la grosseur de mon pouce, est couverte d'une espèce d'écorce, et porte des branches dépouillées de feuilles, mais qui semblent présenter des graines et des fleurs. Voilà des apparences bien séduisantes pour le croire un petit arbre, n'est-ce pas? cependant ce n'est que l'ouvrage de petits vers appelés polypes. Je vais vous dire comment ces ingénieux architectes en forment l'édifice pour leur habitation.

Aussitôt que les œufs de polypes, assemblés en peloton sous quelque rocher, sont éclos, ces animaux commencent à se bâtir en rond, et l'une contre l'autre, de petites cellules, à la manière des limaçons et des coquillages, d'une substance qui s'échappe de leurs corps. A mesure que cette substance devient plus abondante et s'épaissit au point de remplir le fond des tuyaux qu'ils habitent, ils sont forcés de monter un peu plus haut, et d'en former d'autres au-dessus, dans la même direction. Ceux-ci se remplissent de la même manière; par où le corail acquiert sa dureté : et comme, dans l'intervalle, la famille se multiplie, les nouveau-nés forment d'un côté et d'autre des colonies, d'où proviennent les branches, qui se ramifient à leur tour.

Les fleurs qu'on avait cru remarquer sur les branches ne sont que les bras de ces polypes, qu'ils étendent en forme de griffes pous saisir les débris d'insectes dont ils se nourrissent ; et les graines prétendues ne sont que leurs œufs.

C'est de la même manière, mais avec quelque variété, suivant les différentes espèces de polypes, que se forment les coralines, les lithophytes, les épouges, les madrépores, et d'autres polypiers qui se trouvent en certains endroits dans une si grande abondance que le fond de la mer ressemble à une épaisse forêt.

Vous vous félicitez sans doute, mes amis, de tout ce qu'il vous reste d'intéressant à apprendre dans l'étude de la nature. Je ne vous en ai présenté qu'un petit tableau, seulement pour vous montrer la perspective de ce qu'elle doit offrir un jour à vos regards, si vous savez les accoutumer de bonne heure à l'observation qu'elle exige pour pénétrer ses mystères. Je ne connais rien de plus satisfaisant et de plus récréatif. Quand nous serons de retour à Paris, je vous mènerai de temps en temps au cabinet d'histoire naturelle, pour vous y faire regarder peu à peu tous les objets curieux qu'il renferme. Nous y emploierons nos heures de récréation, afin de ne pas déranger l'ordre de vos études. Je me flatte que vous me remercierez de vous avoir fait connaître ces nouveaux plaisirs, et qu'ils vous paraîtront bien préférables aux amusements ordinaires de votre âge.

Nous avons jusqu'ici promené nos regards sur la terre, pour nous former une première idée de ses productions; nous venons de les plonger avec le même dessein jusque dans les profondeurs de la mer : dans notre premier entretien, nous les élèverons vers les cieux, pour étudier les mouvements des astres qui roulent dans leur immense étendue.

LE SOLEIL.

Reposons-nous ici, mes amis. Nous voici parvenus sur le sommet le plus élevé de la colline. Venez vous asseoir près de moi, et jouissons ensemble de la fraîcheur de cette belle soirée. Quelle charmante perspective s'offre à nos regards! Comme ce vaste paysage réunit l'agrément et la richesse dans le mélange de ces vertes prairies où l'œil s'égare avec tant de plaisir, de ces petits ruisseaux qui semblent se jouer en les baignant de leurs eaux fécondes, de ces champs couverts de moissons dorées, et de cette forêt dont les robustes enfants vont se transformer en vaisseaux, pour aller nous chercher mille trésors précieux aux bornes de la terre!

Au-dessus de cette scène admirable, contemplez le soleil, qui, du seul éclat de sa couronne, remplit l'immensité de son empire. Toute cette magnificence est son ouvrage.

Après avoir rendu, par la chaleur de ses rayons, la vie à la nature, il en fait briller les traits rajeunis de la splendeur de sa lumière, et jette sur les plis de sa robe verdoyante les plus vives couleurs.

Occupons-nous un moment de ce qu'il est, et des bienfaits qu'il répand sur la terre, avant de chercher la place qu'il occupe, et de parcourir les espaces immenses où s'étend sa domination.

Le soleil est un globe de feu qui, tournant sur lui-même d'une rapidité prodigieuse, darde sans cesse, et de tous côtés, en lignes droites, des rayons formés de sa substance, et destinés à porter avec une vitesse inconcevable, jusqu'au bout de l'univers, la lumière qui l'éclaire, la chaleur qui l'anime et les couleurs qui l'embellissent.

C'est un globe, puisque dans toutes ses parties il se montre à nos yeux sous une forme circulaire, et qu'avec un bon télescope on découvre sa convexité. Il est de feu, puisque ses rayons rassemblés par des miroirs concaves ou des verres convexes brûlent, consument et fondent les corps les plus solides, ou même les convertissent en cendre ou en verre.

Il tourne sur lui-même, puisque l'on observe sur son disque des taches qui, se montrant sur un de ses bords, semblent passer à travers toute sa largeur sur le bord opposé, se dérobent pendant quelques jours, et reparaissent ensuite au premier point d'où elles sont parties. Ces taches peuvent aisément se découvrir avec une bonne lunette; leur nombre va quelquefois jusqu'à cinquante; et il en est que l'on a vues dix-sept cents fois plus grandes que la terre entière. Soit qu'on les considère comme des écumes formées par l'action d'un feu violent, soit plutôt comme des éminences solides du corps du soleil que les flots de matière enflammée qui le baignent laissent quelquefois à découvert dans leur agitation, ces taches, unies à sa masse, ne laissent pas douter, par leur cours régulier, qu'il ne tourne avec elles sur lui-même ; et cette rotation qui se fait en vingt-cinq jours et demi, quoique plus lente que celle de la terre, qui n'y emploie qu'un jour, doit être d'une rapidité prodigieuse pour un globe quatorze cent mille fois plus gros que le nôtre.

Le soleil darde ses rayons sans cesse de tous côtés, et même de tous les points de sa surface ; car il n'est pas un seul instant où sa lumière ne se répande sur toutes les parties de l'univers tournées vers lui, et pas un seul point qu'il éclaire d'où on ne le voie tout entier.

Ses rayons sont dirigés en lignes droites, et non par des ondulations semblables à celles que le mouvement excite dans l'air et dans l'eau ; car autrement on le verrait lorsqu'il serait caché derrière une montagne, et même lorsqu'il serait de l'autre côté de la terre, c'est-à-dire pendant la nuit, puisque sa lumière étant répandue par ondes, comme le son, l'impression en viendrait toujours à nos yeux. La lune, par la même raison, ne pourrait jamais l'éclipser. J'en ai une autre preuve plus à votre portée. Lorsque j'ai fait votre portrait à la silhouette, c'est que votre tête jetait sur la muraille une ombre exactement de la même forme qu'elle-même ; ce qui prouve clairement que les rayons croisaient en lignes droites toutes les extrémités de votre profil. On peut enfin s'en convaincre d'une autre manière, en fermant les volets d'une chambre, et en y pratiquant un petit trou : les rayons qui passent par cette ouverture ne se répandent point en ondes dans la chambre, mais la traversent en lignes droites, sans éclairer autre chose que les objets qu'ils rencontrent dans cette direction.

Les rayons du soleil sont formés de sa propre substance. Ce sont des flots de sa matière enflammée qu'il lance de tous côtés. A la distance où il est de nous, comment ses rayons pourraient-ils nous échauffer, s'ils ne partaient d'une source brûlante, en conservant dans le trajet leur chaleur par la vitesse de leur mouvement? Vous branlez la tête, Henri? vous pensez sans doute que le soleil devrait être dès longtemps épuisé? Votre arrosoir, dites-vous, n'est pas une minute à se vider de l'eau qu'il contient. Je veux renchérir encore sur votre objection. L'arrosoir ne verse de l'eau que d'un côté, et le soleil répand de toutes parts sa lumière. Il la fait jaillir jusqu'à des lieux un million de fois peut-être plus éloignés de lui que nous ne le sommes, puisque certaines étoiles, qui sont à cette distance, envoient leur lumière jusqu'à nos yeux. Il ne paraît pas cependant que ni le soleil, ni les étoiles aient souffert, depuis tant de siècles, quelque diminution de leur éclat.

Vous voyez que je n'ai pas affaibli votre difficulté. Écoutez maintenant ma réponse.

Il est d'abord nécessaire de vous donner une idée de la petitesse prodigieuse des parties dont les rayons de lumière sont composés. Au moyen du microscope, je vous ai fait voir dans une goutte d'eau de mare, pas plus grosse qu'une lentille, des milliers de petits insectes vivants. Ces insectes ont des yeux, des membres, du sang, ou une autre liqueur qui circule dans leur corps pour les animer. Il vous est aisé, ou plutôt il vous est impossible de vous figurer combien chaque goutte de ce sang ou de cette liqueur doit être menue. On prouve, par le calcul, qu'elle est moins par rapport à un grain de sable d'une ligne, que ce grain de sable n'est au globe de la terre. Eh bien ! cette petitesse n'est rien encore en comparaison de celle des parties de la lumière, ainsi que vous allez en convenir. Je vous ai dit tout-à-l'heure que nous ne voyons le soleil entier que parce que de tous les points de sa surface il part des rayons qui viennent peindre son image au fond de nos yeux. Il n'est pas douteux que ces insectes ne voient le soleil pendant le jour ; peut-être voient-ils pendant la nuit les étoiles. Or, ils ne peuvent les voir, que de tous les points, de toute la surface des étoiles et du soleil, il ne soit parti des rayons pour en porter jusqu'au fond de leurs yeux l'image entière. Le soleil est plus de quatorze cent mille fois plus grand que la terre ;

chacune des étoiles est aussi grande que le soleil. Voilà donc des corps d'une masse si incompréhensible qui, de tous les points de leur étendue, envoient des flots de lumière dans l'œil d'un petit insecte, confondu avec des milliers de ses semblables dans une goutte d'eau, à peine sensible à nos regards.

Vous refuserez peut-être de croire qu'un si petit animal puisse porter sa vue jusqu'aux étoiles. Je ne vous chicanerai point là-dessus, quoique je puisse vous citer un très beau vers de M. de Bonneville, qui dit, en parlant de la puissance de Dieu :

> Et sur l'œil de l'insecte il a peint l'univers.

Mais si l'insecte ne jouit pas de ce vaste spectacle, nous en jouissons nous autres. Notre œil peut, dans une seconde, parcourir toute l'étendue des cieux. Il aura vu non-seulement toutes les étoiles, mais encore toutes les parties de l'espace qui les sépare; ce qui multiplie bien davantage la quantité des rayons qui seront venus successivement aboutir à nos yeux. Et cette nouvelle expérience est une preuve plus forte encore de l'infinie petitesse des parties de la lumière, puisqu'un si grand nombre de rayons se sont combattus et effacés les uns les autres dans notre œil, sans lui causer la plus légère impression de douleur, malgré la vitesse inconcevable dont ils viennent le frapper.

Il vous est arrivé fort souvent de voir dans la campagne la lumière d'une chandelle qui brûlait à une lieue au moins de vous. En traçant un cercle autour de cette chandelle, à la distance où vous en étiez, il est clair que de tous les points de ce cercle on aurait pu la voir, et à plus forte raison de tous les points de l'étendue qu'il renferme. Tous les points de cet espace, jusqu'à une distance pareille en dessus et en dessous, si le flambeau était suspendu dans les airs, seraient donc remplis de parties de lumière émanées de la flamme de la chandelle. Elle ne consume pas, dans la durée d'un clin d'œil, un globule de suif gros comme la tête d'une épingle. Ce petit globule de suif a donc fourni à la lumière une matière capable de remplir, par sa division, un globe de deux lieues de diamètre. Aussi le calcul peut-il démontrer qu'un pouce de bougie, après avoir été converti en lumière, a donné un nombre de parties plusieurs millions de fois plus grand que celui des sables que pourrait contenir la terre entière, en supposant qu'il tienne cent parties de sable dans la largeur d'un pouce. Que serait-ce donc d'un pouce de matière lumineuse infiniment plus pure, et par là susceptible d'une plus grande division? Enfin, si un grain de musc exhale sans cesse, et de tous côtés, des particules de sa substance; s'il les exhale pendant vingt ans, sans rien perdre sensiblement de son volume; si un boulet de fer d'un pied de diamètre, rougi à un grand feu, laisse échapper des flots de particules enflammées et lumineuses, sans que cette effusion lui fasse perdre l'équilibre dans la plus juste balance, vous concevrez plus aisément que le soleil puisse répandre des torrents de lumière sans paraître s'affaiblir, et qu'une petite partie de sa masse lui suffise pour remplir, pendant des siècles, de sa lumière et de sa chaleur, toutes les planètes et les espaces qui lui sont soumis.

Quant à la vitesse inconcevable de ses rayons, il est prouvé qu'ils n'emploient qu'environ huit minutes pour venir de lui jusqu'à nous. Lorsque vous serez un peu plus avancé dans l'étude des cieux, je vous dirai par quelle observation on a fait d'abord cette découverte, et comment une expérience ingénieuse l'a confirmée. Il me suffit à présent de vous garantir que ce point est de nature à ne pas être plus contesté que l'existence même de la lumière.

Tout ce qui regarde les couleurs demanderait trop de détails pour vous être expliqué dans le cours de cet entretien; nous y reviendrons dans un autre moment.

Il ne me reste donc plus qu'à vous parler de la chaleur que nous devons au soleil. C'est le plus grand et le plus sensible de ses bienfaits, puisqu'il produit le mouvement et la vie dans tout ce qui respire. Je me borne à présent à vous en montrer les effets dans la végétation.

Vous vous souvenez de l'état de langueur où gémissait la nature pendant la triste saison de l'hiver. La terre étant saisie d'un profond engourdissement, les fleurs n'osaient paraître sur son sein, et les arbres étaient dépouillés de tout leur feuillage. La sève qui les anime, en circulant, comme je vous l'ai fait voir, dans leurs troncs, leurs branches et leurs rameaux, n'avait plus qu'un mouvement paresseux et de défaillance qui suffisait à peine à leur conserver un reste de vie presque insensible, et tout voisin de la mort. Le printemps est venu réchauffer la terre, et soudain la sève reprenant la liberté de son cours, la verdure s'est déployée sur toutes les plantes. Comment le soleil a-t-il produit ce changement? Je vais prendre un exemple plus près de vous, pour vous en rendre l'explication plus aisée à concevoir.

Il n'est pas que vous n'ayez vu un de ces animaux que les petits Savoyards portent dans des boîtes, et qu'ils se plaisent à montrer pour quelques pièces de monnaie aux enfants; une marmotte, s'il faut vous dire son nom. Ces bêtes sont très sensibles au froid; et comme il est plus pénétrant dans les montagnes de la Savoie, où elles ont pris naissance, afin de se dérober à sa fureur elles creusent dans la terre des trous profonds, où elles restent renfermées pendant l'hiver dans un morne assoupissement. Rien, comme vous le voyez, ne peut se ressembler davantage dans cet état, qu'un arbre et une marmotte. Ils sont

tous les deux engourdis, parce que la sève de l'un
et le sang de l'autre, qui sont les principes de leur
vie, n'ont qu'une circulation embarrassée dans les
tuyaux du premier et dans les veines du second
par l'action du froid qui les resserre. Laissons
l'arbre un moment, et ne nous occupons que de la
marmotte.

Si vous étiez en voyage dans les montagnes de la
Savoie, et que vous trouvassiez un de ces animaux
engourdis, voici le raisonnement que vous feriez
sans doute : puisque c'est le froid qui cause son
engourdissement, je puis l'en retirer en lui rendant
la chaleur. Mais si vous ne faisiez qu'allumer auprès
de lui un feu vif et de courte durée, quand vous
renouvelleriez cent fois par intervalles cette opération, l'engourdissement n'en subsisterait pas moins.
Si au contraire, en allumant d'abord un petit feu,
vous l'augmentiez successivement, et que vous
eussiez grand soin de le renouveler sans cesse avant
qu'il fût tout-à-fait éteint, il n'est pas douteux que
la marmotte ne sortît de sa léthargie, puisque son
sang reprendrait sa fluidité. Vous la verriez bientôt
étendre ses jambes, ouvrir ses yeux, secouer ses
oreilles, et vous réjouir par la souplesse et la vivacité de ses mouvements.

Voilà précisément les degrés par lesquels le soleil
tire la nature de l'engourdissement où elle était
plongée, et la ramène à la vie

La longueur des nuits de l'hiver vous a donné lieu d'observer combien peu le soleil restait alors sur la terre. Il venait bien l'éclairer chaque jour; mais à peine avait-il paru quelques heures sur nos têtes, qu'on le voyait déjà s'éloigner. D'ailleurs il ne nous envoyait ses rayons que d'une médiocre hauteur, même dans son midi. Il n'est donc pas étonnant que la terre, perdant la nuit le peu de chaleur qu'elle avait reçu pendant le jour, n'en conservât pas assez pour se ranimer. Depuis le printemps, vous avez vu les jours s'agrandir par des progrès plus marqués, et le soleil darder ses rayons plus directement sur nos têtes. Peu à peu la terre s'est dégourdie; son sein s'est réchauffé; la sève, qui est le sang des plantes, a repris son cours, les arbres se sont couverts de feuilles et de fleurs; et maintenant que nous sommes aux jours les plus longs de l'année, et le soleil au plus haut point de son élévation sur la terre, vous voyez des fruits déjà mûrs, d'autres qui tendent rapidement à le devenir. Comme la chaleur ira toujours en augmentant pendant l'été, les fruits qui en demandent le plus pour mûrir trouveront à leur tour le degré qui leur est nécessaire, avant que le soleil, qui va dès la fin de ce mois (juin) perdre de son élévation sur nos têtes, et diminuer graduellement, jusqu'à la fin de l'automne, son cours journalier, laisse peu à peu retomber la terre dans les horreurs de l'hiver.

8.

Quelle idée vous passe donc par la tête en ce moment, Charlotte? Je croyais tout-à-l'heure lire sur votre visage que mon explication avait le bonheur de vous satisfaire. Pourquoi venez-vous de froncer le sourcil aux dernières paroles? Auriez-vous quelques difficultés à me proposer? vous savez que je les aime. Voyons, je vous écoute. Ah! je comprends cette objection, et je vais moi-même vous la rapporter. Puisque le soleil n'a fait cesser directement le froid de l'hiver qu'en s'élevant plus directement sur nos têtes, et en prolongeant la durée du jour, comment la chaleur pourra-t-elle augmenter pendant l'été, puisque dès la fin de ce mois le soleil va perdre chaque jour de sa hauteur sur l'horizon, et s'en éloigner plus longtemps pendant la nuit? N'est-ce pas là ce que vous vouliez dire, seulement en termes un peu plus clairs? Fort bien. Je suis très aise que vous m'ayez proposé cette difficulté. Elle est toute naturelle. D'ailleurs elle me prouve que vous m'avez prêté une oreille attentive, et que votre esprit est déjà capable d'une certaine justesse de raisonnement. Je me fais un vrai plaisir de vous répondre.

Vous souvenez-vous que, l'autre jour, après souper, voulant vous aller reposer à dix heures du soir sur le banc du jardin, vous trouvâtes la pierre encore si chaude, quoique le soleil eût cessé, depuis deux heures, d'y darder ses rayons, qu'il vous fut impossible de vous y asseoir? Vous voyez par là qu'un corps échauffé par le soleil peut conserver longtemps la chaleur qu'il en a reçue, bien qu'il ne soit plus exposé à ses feux. Vous concevez aussi qu'un caillou, placé sur le banc même, l'aurait bien plus tôt perdue, parce que plus le corps est petit, plus elle est prompte à s'en échapper. Il vous serait aisé d'en faire l'expérience, en jetant à la fois dans un brasier un clou et une grosse barre de fer ; la barre serait bien plus longtemps à se refroidir que le clou. Ainsi, si le banc de pierre a conservé pendant deux heures après le coucher du soleil une chaleur assez forte pour vous être insupportable, il est à présumer que la terre, qui est d'une masse infiniment plus grande, l'a conservée plus avant dans la nuit, et même jusqu'au lendemain au matin. Le soleil la trouvant encore échauffée, aura donc ajouté de nouveaux degrés de chaleur à ceux qu'elle avait gardés la veille ; et comme avec cette plus grande quantité elle en aura encore retenu davantage la nuit suivante, la chaleur ira toujours en augmentant, soit dans son sein, soit dans l'air, à qui elle se communique, jusqu'à ce que les nuits devenant beaucoup plus longues, et par conséquent plus fraîches, la terre perde enfin, dans leur durée, la plus grande partie de la chaleur qu'elle a reçue pendant le jour ; ce qui arrive ordinairement au commencement de l'automne. C'est par ce moyen que les raisins, qui, mûrissant plus tard que les cerises, ont besoin d'une plus grande continuité de chaleur, la trouvent même lorsque le soleil ne darde pas si longtemps ses rayons sur leurs grappes.

Après avoir parlé si longtemps des bienfaits du soleil, il vous tarde sans doute de savoir quelle place ce roi de l'univers occupe dans son empire. C'est ici, je l'avoue, que j'éprouve un peu d'embarras à vous satisfaire. Tout ce que je vous ai dit jusqu'à présent s'accordait à merveille avec vos sens et vos idées, ou du moins ne contrariait que votre inexpérience : ce qui me reste à vous apprendre contredit tout absolument; et j'ai besoin de la confiance que je vous ai inspirée pour vous préparer à changer d'opinion.

Tous les peuples de l'antiquité, même les plus éclairés, excepté un ancien philosophe et ses disciples, ont cru que le soleil tournait autour de la terre; tous les plus grands philosophes modernes, sans exception, le croyaient aussi, il n'y a pas plus de deux cent quarante ans; tous les enfants le croient encore aujourd'hui, sur la foi de leurs mies et de leurs bonnes; et tout le peuple ignorant et grossier le croira toujours. Les expressions ordinaires du lever, de l'élévation et du coucher du soleil, employées dans l'usage familier, même par les astronomes, pour s'accommoder aux idées du peuple, ont contribué à entretenir cette erreur. Il faut convenir que le premier témoignage de nos yeux lui est aussi favorable. Comment se douter que la terre tourne autour du soleil, tandis qu'on le voit au niveau de nos pieds le matin, à midi sur nos têtes, le soir encore à nos pieds, et qu'il doit, selon toute apparence, se trouver la nuit par-dessous? Mais dites-moi, je vous prie, si vous n'aviez pas vu les arbres trop bien affermis sur le rivage pour bouger légèrement, n'auriez-vous pas cru mille fois, en descendant la rivière dans un bateau, que les uns s'enfuyaient derrière vous, et que les autres accouraient à votre rencontre? Lorsqu'on faisait faire demi-tour au bateau pour aborder, n'auriez-vous pas cru que le rivage lui-même tournait autour de vous, si vous ne l'aviez pas jugé plus tenace encore que les arbres? Vous sentez donc que nos yeux peuvent nous en imposer sur les apparences des choses. Il était peut-être permis d'en être dupe avant l'invention du télescope. Les anciens, ignorant la véritable grandeur du soleil, et la jugeant beaucoup moins considérable que celle de la terre, s'applaudissaient de leur sagesse en le faisant tourner autour d'elle. Mais la terre est plus de quatorze cent mille fois plus petite, comme cela est démontré sans réplique; ne serons-nous pas plus sages, à notre tour, de le rendre immobile au centre de notre monde, et de la faire tourner dans l'espace d'une année autour de lui, en tournant chaque jour sur elle-même? Si nous devons

nous former les idées les plus simples de l'ordre de
la nature, que diriez-vous d'un architecte qui aurait
la bizarrerie de construire la cheminée de manière
que le foyer tournât autour du gigot que l'on vou-
drait faire cuire à la broche? Mais, de plus, il est
certain, par des observations invariables, que c'est
le gigot qui tourne devant le foyer; je veux dire la
terre autour du soleil. Je vous en promets les preuves les plus évidentes quand vous serez un peu plus
en état de les saisir. Tout ce que je vous demande à
présent est de vous prêter du moins à ce système
comme à une supposition, pour me mettre en état de
vous conduire aux preuves qui doivent en établir
dans votre esprit l'incontestable vérité.

Mais je commence à sentir que la soirée devient
un peu fraîche. Je crois qu'il serait à propos d'entrer
au logis pour continuer cet entretien.

Nous voilà un peu remis de la fatigue de notre
promenade. Sonnez, je vous prie, Henri, pour qu'on
nous donne des lumières; et vous, Charlotte, ap-
portez ici votre globe.

Je vous ai dit que le soleil demeure toujours constamment à la même place, et que la terre décrit un
grand cercle autour de lui chaque année, en tournant chaque jour sur elle-même. Il vous paraît difficile de concevoir qu'elle puisse se livrer à ces deux
mouvements à la fois. Comment donc? qui vous
empêcherait de tourner tout autour de la chambre

en pirouettant? Si vous faisiez ce tour en trois cent soixante-cinq pirouettes, le grand cercle que vous décririez représenterait le mouvement annuel de la terre, et chaque pirouette son mouvement journalier. Si ce flambeau était placé au milieu du cercle, n'est-il pas vrai qu'à chaque demi-pirouette vous le verriez ou le perdriez de vue, selon que vous lui tourneriez le visage ou le dos? Cette alternative peut vous donner une idée de la manière dont la terre reçoit tour à tour la lumière du jour et l'obscurité de la nuit. Appliquons cette expérience à notre globe. Je vais piquer une épingle blanche sur cette moitié qu'il présente au flambeau, et une épingle noire sur l'autre qu'il lui dérobe. Si je tourne le globe, cette partie où est l'épingle noire, et qui est maintenant dans l'obscurité, va s'éclairer; et celle où est l'épingle blanche, et qui est maintenant éclairée, va se cacher dans l'obscurité. C'est une image fidèle de ce qui arrive à la terre chaque jour et chaque nuit. Chaque pays, à mesure qu'il se tourne vers le soleil, reçoit la lumière de ses rayons, et, à mesure qu'il s'en détourne, rentre dans l'obscurité des ténèbres. Par ce moyen, toutes les parties de la terre ont, l'une après l'autre, la chaleur du jour pour échauffer et mûrir leurs productions, et les douces rosées de la nuit pour humecter le sol brûlant et l'air embrasé, rafraîchir les plantes, les animaux et les hommes. Les parties de la terre qui sont représentées autour de ces deux points où la branche de fer qui traverse le globe en sort des deux côtés, sont appelées les pôles du Sud et du Nord. Ce sont des places très froides, attendu que le soleil ne s'y laisse pas voir pendant plusieurs mois ; mais en revanche, après cette longue nuit, on est plusieurs mois sans le perdre de vue ; en sorte que l'année se partage, pour les habitants de ces lieux, en un seul jour de six mois et une seule nuit de la même durée. On vous en fera sentir la raison lorsque vous apprendrez à connaître en détail les usages du globe. Vous plaignez les pauvres gens qui vivent dans ces contrées : en effet, le séjour du pays que nous habitons me paraît infiniment préférable. Je vous dirai seulement, afin d'adoucir les regrets que leur sort vous inspire, que l'absence du soleil n'est pas un si grand malheur pour eux qu'il le serait pour nous, s'il venait tout-à-coup à nous priver pendant six mois de ses bienfaits. Les productions de ces contrées sont différentes de celles de notre pays, et sont formées par la nature de manière à croître sous ce climat. Les habitants sont peut-être aussi heureux que nous avec des plaisirs différents. Ils travaillent d'un grand courage pendant leur été, à dessein de ramasser des provisions pour leur hiver ; et alors ils dansent et chantent à la lueur de leurs torches, comme nos gens de campagne aux deux rayons du soleil.

Je crois lire sur votre physionomie, Henri, que

vous n'êtes pas bien pleinement satisfait de ma démonstration. Voyons, je serais bien aise de savoir ce qui vous embarrasse. Oh ! je m'en doutais. Vous pensez que si la terre tourne ainsi sur elle-même, les gens qui sont sous nos pieds, de l'autre côté du globe, doivent s'éloigner d'elle et tomber vers les cieux qui l'enveloppent de toutes parts. Je me réjouis de ce que vous m'avez fait connaître vos doutes, pour me mettre en état de les dissiper. Supposons que ce globe, au lieu d'être de carton, est d'aimant, comme la petite pierre que je vous ai donnée : n'est-il pas vrai que si vous lui présentez un morceau de fer, soit en haut, soit en bas, il ne manquera pas de l'attirer, et que le globe d'aimant aura beau tourner sur lui-même, le morceau de fer ne s'en détachera pas plus, soit que la partie à laquelle il tient s'élève ou s'abaisse ? Il est vrai, dites-vous ; mais c'est parce que l'aimant attire le fer. Eh bien ! mon petit ami, vous venez de résoudre vous-même la difficulté. Nous sommes portés vers la terre par une force d'attraction, comme le fer est porté vers l'aimant. Il n'y a pas d'autre en-bas pour le fer que le centre de la boule d'aimant vers lequel il est attiré ; comme il n'y a d'autre en-bas pour nous que le centre de la terre qui nous attire. Vous aurez donc beau faire tourner le globe, nous serons toujours sur nos pieds, tant qu'ils seront dirigés vers le centre de la terre, comme ils le sont sur chaque point de sa surface.

Posez une aiguille sur votre aimant, et faites-le tourner ensuite entre vos doigts. Voilà l'aiguille en-dessous; cependant elle ne tombe point. Essayez de l'en séparer, elle résiste. Vous en êtes pourtant venu à bout. Rendez-lui maintenant sa liberté; elle retourne à l'aimant, et, quoique de bas en haut, retombe vers lui. Il en serait de même dans cette partie du globe que vous appelez en-dessous. Si je vous séparais de la terre, et que je vous abandonnasse à vous-même, vous y retomberiez comme ici. L'aiguille n'a pas de vie, et par conséquent ne peut se mouvoir autour de l'aimant; ainsi une pierre inanimée ne se meut pas d'elle-même sur la terre. L'homme et les animaux, qui sont vivants, peuvent au contraire se mouvoir sur le globe, malgré la force qui les porte vers son centre, parce qu'étant également éloignés de ce point, une partie de la surface ne les attire pas plus que l'autre. Lorsque je monte à cheval, je ne laisse pas que d'être toujours attiré vers la terre ; mais je n'y tombe point, parce que le corps du cheval, en me soutenant, m'en sépare, et qu'il m'est impossible de tomber à travers un cheval; mais si un de ses soubresauts me fait perdre selle, je tombe à terre immédiatement.

Vous vous étonnez de ce que nous ne sentons pas le mouvement de la terre : je vous dirai d'abord que, quoiqu'elle soit emportée d'un cours très rapide, ce mouvement doit nous paraître insensible, parce que ne trouvant point de résistance, elle ne doit point éprouver de secousse, et qu'il nous est souvent arrivé de ne point sentir le mouvement d'un bateau, lorsqu'il suit le fil du courant. D'ailleurs pensez-vous qu'un ciron, posé sur une boule aussi grosse que le Louvre, qui tournerait sans cahotement sur elle-même, pût sentir cette rotation? Je ne le crois pas. Comme rien ne changerait autour de lui, et que tous les objets à la portée de sa vue resteraient à la même place sur la boule, il devrait naturellement la juger immobile. Nous devons, par la même raison, ne pas nous apercevoir du mouvement de notre globe, tout ce qui nous environne sur sa surface étant emporté de la même vitesse que nous-mêmes.

LA LUNE.

En vous faisant tourner vos pensées vers les cieux, je ne dois pas oublier de vous parler de la lune, compagne fidèle de la terre, qui tourne autour d'elle, en la suivant dans sa course autour du soleil, et l'éclaire en l'absence du jour. Elle n'est pas un globe de feu comme le soleil; mais elle reçoit de lui toute la lumière qu'elle nous renvoie. On suppose qu'elle est à peu près de la même nature que la terre sur laquelle nous vivons, mais cinquante fois plus petite. Ses habitants, s'il est vrai qu'elle soit peuplée, reçoivent comme nous la lumière du soleil, et retirent les mêmes avantages de sa chaleur et de ses rayons vivifiants. Si nous étions transportés sur sa face, la terre, de ce point, nous paraîtrait comme une lune, excepté seulement qu'elle serait beaucoup plus grande, et par conséquent elle nous réfléchirait avec plus d'éclat les rayons qu'elle reçoit du soleil. La terre et la lune ont, l'une et l'autre, trop d'épaisseur pour que le soleil puisse les traverser de sa lumière ; il ne peut qu'en faire briller la surface, comme le flambeau fait briller la surface de tous les objets qu'il éclaire, et qui, sans lui, se déroberaient à nos regards dans la profondeur des ténèbres.

Prenez ma montre, Henri, et portez-la dans un endroit obscur, on ne la verra point ; que le flambeau brille sur elle, vous la verrez aussitôt paraître reluisante, parce qu'elle reçoit sa lumière. Il en est ainsi de la lune. Nous voyons reluire cette partie de sa surface sur laquelle brille le soleil. Tantôt nous la voyons sous la forme d'un petit croissant, et tantôt dans toute la plénitude de sa rondeur. Ce n'est pas que le soleil ne brille toujours sur toute une de ses moitiés à la fois ; mais il arrive qu'une partie de cette moitié se dérobe à nos regards. Je puis vous le faire comprendre par le secours du globe, plus aisément que par aucune figure que je pourrais vous tracer.

Supposons que ce flambeau soit le soleil, ce globe

la lune, et que votre tête, Henri, soit la terre. Tandis que la terre tourne autour du soleil, la lune tourne autour de la terre, et à peu près dans le même plan. Il est donc clair que la lune doit se trouver tantôt entre le soleil et la terre, et tantôt la terre entre le soleil et la lune. Il est facile de vous représenter ces mouvements. Plaçons d'abord la lune entre le soleil et la terre, c'est-à-dire le globe entre le flambeau et vous. Telle est la situation de la lune lorsqu'elle est nouvelle. Toute la moitié du globe éclairée par le flambeau est tournée vers lui ; ainsi vous ne pouvez l'apercevoir. Toute la moitié obscure est tournée vers vous ; ainsi vous ne pouvez pas la voir davantage. Aussi la lune nouvelle se dérobe-t-elle toujours à nos yeux.

Si je détourne un peu le globe à votre gauche, vous commencez à en apercevoir une petite partie éclairée, sous la forme d'un croissant qui s'agrandit peu à peu, jusqu'à ce que le globe soit parvenu à un quart du cercle que je lui fais décrire autour de vous. Tournez la tête sur votre épaule gauche, vous voyez déjà la moitié de sa moitié qui est éclairée ; voilà le premier quartier.

Ce quartier s'agrandit par degrés à son tour, jusqu'à ce que le globe soit parvenu derrière vous. Tournez le dos au flambeau, vous voyez toute la moitié du globe éclairée, parce que toute cette moitié est tournée vers vous en même temps qu'elle regarde le flambeau; c'est ce qu'on appelle pleine lune.

Tandis que le globe continue son cercle, sa moitié clairée décroît peu à peu à vos yeux de la même manière qu'elle s'est agrandie; ce qui produit ce qu'on nomme le décours de la lune. Vous voyez encore le globe se présenter aux trois quarts de sa moitié éclairée, puis à la moitié de cette moitié; voilà le dernier quartier.

Vous voyez ce quartier ne former bientôt qu'un croissant, et enfin se dérober à vos regards, lorsque le globe redevient nouvelle lune, c'est-à-dire dès qu'il revient au point d'où il est parti, quand je lui ai fait commencer à décrire son cercle autour de vous, c'est-à-dire entre le flambeau et votre tête.

La lune emploie vingt-sept jours sept heures quarante-trois minutes à tourner autour de la terre, et un pareil espace de temps à tourner sur elle-même. C'est pour cela qu'elle présente toujours la même face à la terre. On vous en fera sentir un jour la raison.

LES ÉCLIPSES.

Les éclipses de soleil et de lune, que j'ai toujours pris soin de vous faire observer, sont occasionnées par cette révolution de la lune autour de la terre.

Le soleil est éclipsé à nos yeux lorsque la lune se

trouve exactement entre lui et la terre. Par ce que je viens de vous démontrer, vous comprenez aisément que les éclipses de soleil ne peuvent arriver que dans la nouvelle lune, parce que c'est le seul temps où la lune soit entre le soleil et la terre.

La lune est éclipsée à nos yeux lorsque la terre se trouve entre elle et le soleil ; et vous sentez également que les éclipses de lune ne peuvent arriver que lorsqu'elle est à son plein, parce que c'est le seul temps où la terre se trouve entre le soleil et la lune.

Chaque nouvelle lune amènerait une éclipse de soleil, et chaque pleine lune une éclipse de lune. si le soleil, la lune et la terre, ou le soleil, la terre et la lune se trouvaient toujours alors exactement dans la même ligne ; mais comme la lune se trouve tantôt au-dessus, tantôt au-dessous de cette direction, les éclipses ne peuvent arriver à chaque lune pleine ou nouvelle.

Supposons encore que le flambeau. le globe et votre tête, Henri, représentent les mêmes objets que tout-à-l'heure ; je puis aisément vous faire une éclipse de soleil en plaçant le globe qui est la lune, entre le flambeau qui est le soleil, et votre tête qui est la terre, puisque vous vous trouverez alors tous les trois dans la même ligne, et que le globe vous cache le flambeau. Mais si j'élève un peu le globe au-dessus de cette direction, il se trouvera bien entre le flambeau et vous, mais il ne pourra vous cacher, puisque vous cessez d'être tous les trois dans la même ligne, et que l'ombre du globe passe au-dessus de votre tête.

Je puis même vous faire une éclipse de lune en plaçant votre tête qui est la terre, entre le flambeau qui est le soleil, et le globe qui est la lune, puisque vous vous trouvez alors tous les trois dans la même ligne, et que votre tête cache au globe le flambeau. Mais si je vous faisais un peu baisser la tête au-dessous de cette direction, votre tête se trouverait bien entre le flambeau et le globe, mais elle ne pourrait cacher au globe le flambeau, puisque vous cessez d'être tous les trois dans la même ligne, et que l'ombre de votre tête, qui se répandait tout-à-l'heure sur le globe, passe maintenant au-dessous.

Je n'ai pu vous donner ici qu'une image imparfaite et grossière, soit de la révolution de la terre autour du soleil et de celle de la lune autour de la terre, soit des éclipses qui en résultent, parce qu'il aurait fallu prendre les choses de plus loin. Dans nos entretiens suivants vous y trouverez des détails plus exacts et plus étendus sur ces phénomènes, et vous en sentirez en même temps les causes et les effets. C'est là que vous apprendrez comment tout se combine et s'accorde dans la marche invariable des corps célestes ; comment l'homme a su démêler toute la complication de leurs mouvements, et les calculer avec précision ; par quel mélange de conjectures ingénieuses, d'analogies sensibles et d'observations sûres il a su tracer leurs cours, mesurer leurs distances, et déterminer jusqu'à leurs influences mutuelles dans leur immense éloignement.

LES PLANÈTES.

La terre n'est pas le seul corps qui fasse une révolution autour du soleil pour en recevoir la lumière. Il en est d'autres qu'on nomme planètes, comme elle, c'est-à-dire astres errants, parce que, malgré la régularité de leurs mouvements, ils changent continuellement de place, soit entre eux, soit par rapport aux étoiles fixes, dans la course qu'ils font autour du soleil, placé au milieu des orbites qu'ils parcourent les uns au-dessus des autres.

On compte sept planètes principales, dont voici l'ordre . Mercure, Vénus, la Terre, Mars, Jupiter, Saturne, et la planète d'Herschell, découverte il y a peu d'années par cet astronome, dont on lui a donné le nom. Nous allons les parcourir successivement.

MERCURE.

Mercure, la planète la plus voisine du soleil, est la plus petite de toutes, et celle dont la révolution se fait en moins de temps. Elle n'y emploie que quatre-vingt-huit jours.

Elle est quinze fois moins grosse que la terre, et sa moyenne distance en est de trente-quatre millions trois cent cinquante-sept mille quatre cent quatre-vingts lieues. On n'a pu découvrir encore si Mercure tourne sur lui-même tandis qu'il tourne autour du soleil. Quoiqu'il brille plus que les autres planètes, il est plus difficile de le voir, parce que la trop grande proximité de l'astre de la lumière fait qu'il est presque toujours perdu dans l'éclat de ses rayons. On ne le voit que comme un point obscur sur la face du soleil.

VÉNUS.

Vénus, que nous appelons tour à tour, par excellence, l'étoile du matin et du soir, se voit un peu avant le lever du soleil, ou un peu avant son coucher. Sa juste proximité de l'astre du jour et les inégalités de sa surface, propres à réfléchir de tous côtés la lumière qu'elle en reçoit, la font scintiller comme les étoiles. Elle est plus petite d'un neuvième que la terre, et sa distance moyenne en est, comme celle de Mercure, de trente-quatre millions trois cent cinquante-sept mille quatre cent quatre-vingts lieues. Le temps de sa rotation sur elle-même est de vingt-trois heures vingt minutes, et celui de sa révolution autour du soleil de deux cent vingt-quatre jours quinze heures. Avec une lunette de seize pieds on la voit trois fois plus grande que la lune dans son plein,

à la simple vue. Vous apprendrez un jour avec autant de plaisir que de surprise de quelle utilité pour
nous est l'observation de son cours.

LA TERRE.

Je vous ai déjà parlé de la révolution que la terre
fait autour du soleil ; il me suffira d'ajouter qu'elle y
emploie trois cent soixante-cinq jours cinq heures
quarante-neuf minutes, tandis qu'elle emploie vingt-
quatre heures à tourner sur elle-même, c'est-à-dire
à présenter successivement au soleil les différentes
parties de sa surface. On estime sa distance
moyenne du soleil trente-quatre millions trois cent
cinquante-sept mille quatre cent quatre-vingts lieues,
et sa distance moyenne de la lune, quatre-vingt-six
mille trois cent vingt-quatre lieues (1).

Quant à sa mesure, on compte qu'elle a deux mille
huit cent soixante-cinq lieues de diamètre, c'est-à-
dire d'un point de surface à un autre, en passant par
le centre, et neuf mille lieues de circonférence ou
de tour.

Pour ce qui regarde sa figure, et les mesures que
l'on a prises pour la déterminer, ainsi que sa distance des corps célestes, la vicissitude des saisons
qu'elle éprouve, l'inégalité de ses jours et de ses

(1) Il est nécessaire de prévenir que les lieues dont on parle
dans toute la suite de cet entretien sont de 2283 toises, ou de 25
au degré.

nuits, etc., tout cela, dis-je, vous sera expliqué, et l'on tâchera de vous le présenter de la manière la plus propre à vous intéresser, soit par la clarté, la précision et la méthode, soit par le choix des images et des comparaisons empruntées des objets les plus sensibles, et qui vous sont les plus familiers.

MARS.

Mars est beaucoup moins gros que la terre, puisqu'il n'a que les trois cinquièmes de son diamètre. Il parcourt son orbite autour du soleil en une année trois cent vingt-trois heures et demie, et tourne sur lui-même en vingt-quatre heures quarante minutes. Sa distance moyenne de la terre est de cent cinquante-deux millions trois cent cinquante mille deux cent quarante lieues. Il est un point de son orbite où il se trouve de soixante-huit millions de lieues plus près de nous que dans le point opposé; aussi paraît-il alors presque sept fois plus gros que dans son plus grand éloignement. On y découvre quelquefois des bandes, les unes obscures, qui absorbent les rayons du soleil, les autres claires, mais qui nous renvoient une lumière rougeâtre. Dans sa plus grande et sa plus petite distance de la terre, il nous présente une de ses moitiés éclairée tout entière par le soleil; mais dans ses quartiers, on le voit s'agrandir et décroître comme Vénus, toutefois sans repa-

raître jamais comme elle sous la forme d'un croissant ; ce qui sera facile à vous expliquer.

JUPITER.

Jupiter, la plus considérable des planètes, est
treize cents fois environ plus gros que la terre. Il
tourne sur lui-même en neuf heures cinquante-six
minutes, et emploie onze ans et trois cent quinze
jours huit heures à faire sa révolution autour du soleil. Sa distance moyenne de la terre est de cent soixante-dix-huit millions six cent quatre-vingt-douze
mille cinq cent cinquante lieues. Il est accompagné
de quatre lunes, qu'on appelle satellites, qui font
leur révolution autour de lui, comme la lune autour
de la terre. Ces satellites sont sujets entre eux, et
de la part de leur planète, à plusieurs éclipses qui
ont été du plus grand secours pour avancer les progrès de la géographie, et pour déterminer la nature
du mouvement de la lumière et les degrés de sa vitesse, ainsi que vous le verrez un jour, avec d'autres particularités fort curieuses concernant cette
planète.

SATURNE.

Saturne, jusqu'à la découverte de la planète
d'Herschell, a passé pour la planète la plus éloignée
de nous ainsi que du soleil. Sa révolution autour de
lui est de vingt-neuf années et cent soixante-dix-sept

jours. Il est environ mille fois plus gros que la terre,
et sa distance moyenne en est de trois cent vingt-sept
millions sept cent vingt lieues. On n'a pu encore découvrir de lui, non plus que de Mercure, s'il a un
mouvement de rotation sur lui-même; il a, comme
Jupiter, des satellites qui l'accompagnent, au nombre de cinq, que l'on a découverts successivement.
Outre ses satellites, Saturne est environné d'un anneau qui lui forme une large ceinture, mais sans le
toucher en aucun point, puisqu'à travers l'intervalle
qui les sépare on peut apercevoir des étoiles fixes.
Cet anneau, suivant les différentes positions qu'il
prend autour de Saturne, le fait paraître à nos yeux
sous divers aspects singuliers dont on aura soin de
vous donner la peinture et l'explication.

LA PLANÈTE D'HERSCHELL.

Cette planète vient de faire perdre à Saturne le
poste qu'on lui supposait aux dernières limites du
monde planétaire. C'est elle qui renferme à présent
toutes les autres planètes, et Saturne lui-même, dans
son immense orbite. C'est le 13 et le 17 mars 1781
que M. Herschell l'a observée à Bath, ville d'Angleterre. Confondue parmi les étoiles fixes, il ne l'a re-
connue que par son mouvement, qui est d'une extrême lenteur. Sur ce qu'on en a pu observer dans
une très petite partie de son cours, on la suppose deux
fois plus éloignée du soleil que Saturne, et sa révo-

lution autour de lui, de près de quatre-vingt-dix ans.
La ressemblance de sa lumière avec celle des plus
petites étoiles avait fait méconnaître son véritable
caractère ; et nous ne la devons qu'aux observations
infatigables de M. Herschell, et à la bonté de ses
instruments, qu'il fabrique lui-même avec une constance et un génie qui lui ont valu un nom dans les
cieux.

La découverte de cette planète jettera sans doute
un nouveau jour sur notre système, en reculant ses
bornes si avant dans la profondeur de l'espace.

LES COMÈTES.

Au-delà des planètes dont nous venons de parler
roulent encore d'autres grands corps, dépendants
comme elles de l'empire du soleil, qui viennent se
montrer à nos yeux et y demeurent souvent exposés
quelques mois, puis ensuite se dérobent à notre vue,
la plupart pour des siècles, à cause de l'éloignement
immense où ils se perdent dans une partie de leur
cours. Ces corps errants, à peu près de la longueur
de notre globe, sont appelés comètes.

Suivant les meilleures observations qu'on ait fait
jusqu'à présent, le mouvement des comètes semble
être sujet aux mêmes lois par lesquelles les planètes sont gouvernées. Les orbites que les unes et les
autres décrivent autour du soleil sont des ovales ou

des ellipses, avec cette différence toutefois que l'o-
vale de l'orbite des planètes se rapproche beaucoup
d'un cercle parfait, au lieu que celui de l'orbite des
comètes est excessivement allongé, qu'elles paraissent se mouvoir presque en ligne droite, et tendre
directement vers le soleil.

Il suit de là que lorsqu'elles sont le plus près de
cet astre, soumises à la plus grande force de son attraction, et par là même acquérant plus de vitesse
pour s'en éloigner, comme on vous l'expliquera dans
la suite ; il suit de là, dis-je, que leur cours doit être
alors infiniment plus accéléré que lorsqu'elles en
sont à leur plus grande distance. C'est la raison pour
laquelle les comètes font un séjour de si courte durée
parmi nous, et que lorsqu'elles s'en éloignent elles
sont si longtemps à reparaître. Une autre différence
qui les distingue des planètes, c'est que celles-ci ont
toutes un mouvement commun qui les emporte d'occident en orient, et que les comètes, au contraire,
n'ont point de direction uniforme, les unes allant
d'orient en occident, les autres vers le nord ou vers
le midi. Celle qui parut en 1707 allait presque directement du midi au nord, d'un pôle à l'autre ; mais
sur la fin, elle paraissait retourner du nord au midi,
et de là tendre, par une route oblique, de l'occident
vers l'orient.

Les comètes se distinguent enfin des planètes par
une longue traînée de lumière qui les accompagne,

toujours étendue dans une direction opposée au soleil, et qui semble prendre la forme d'une queue,
d'une barbe ou d'une chevelure, suivant les différentes positions où la comète se trouve autour de
lui et par rapport à nous. Comme, à mesure qu'elle
en approche ou qu'elle s'en éloigne, on voit cette
traînée de lumière s'accroître ou diminuer, l'opinion
la plus générale est qu'elle est formée par des vapeurs très subtiles que la chaleur du soleil fait exhaler du corps de la comète. Celle de 1680 n'étant
éloignée du soleil que d'environ deux cent mille
lieues, sa queue fut la plus longue qu'on ait encore
observée.

Newton a démontré que cette comète dut éprouver un degré de chaleur deux mille fois plus grand
que celui d'un fer rouge, et vingt-huit mille fois
plus grand que celui de nos jours brûlants d'été, à
l'heure du midi.

Ces vapeurs si subtiles, que, dans leur transparence, elles laissent entrevoir les étoiles fixes, ne
suivent point les comètes dans le reste de leur cours ;
mais à mesure qu'elles se répandent dans les régions
célestes, elles sont, suivant Newton, attirées par les
planètes, et servent à nourrir leur atmosphère. Les
comètes, à leur tour, soumises dans chaque nouvelle
révolution à une attraction plus puissante de la part
du soleil, approchent de plus en plus de son atmosphère, et finissent par y être englouties pour répa-

9.

rer les pertes qu'il fait par l'émission de sa lumière.

Les anciens ne voyant dans les comètes que des vapeurs et des exhalaisons élevées jusqu'à la région supérieure de l'atmosphère terrestre, et enflammées par l'action des vents, ne songeaient guère à faire des recherches suivies sur leurs périodes. Aussi n'avons-nous pu recueillir que des notions très imparfaites. En moins d'un siècle et demi, les astronomes modernes ont fait sur les comètes plus d'observations que n'en avait pu fournir toute l'antiquité. La science sur cet objet est cependant encore toute nouvelle. Le retour de la comète de 1682 en 1759, suivant les prédictions de Halley et Cassini, et les savants calculs de MM. Clairaut et de Lalande, a bien fait connaître que sa révolution autour du soleil était de soixante-quinze ans et demi, à quelques inégalités près, occasionnées par l'action que Jupiter et Saturne exercent sur elle, puisqu'elle avait déjà été observée en 1607, 1532, 1456. On a aussi des observations exactes sur plus de soixante comètes; mais s'il est vrai, comme le conjecture M. de Lalande, qu'il y en ait plus de trois cents dans notre système solaire, combien de temps ne faut-il pas encore pour que l'on ait été à portée d'en déterminer le nombre, d'en calculer la masse, la distance et l'orbite, d'en démêler le mouvement et les nœuds, et d'établir la durée invariable de leurs révolutions! Celle de 1680, que

M. Jacques Bernouilli avait cru devoir reparaître en 1719, a trompé les calculs de cet habile géomètre. Peut-être en faudra-t-il revenir à l'opinion de M. Halley, qui lui donne une période de cinq cent soixante-quinze ans, et la fait remonter, par une suite de révolutions régulières, dont les quatre dernières sont déjà connues, jusqu'à l'année précise du déluge universel. C'est dans l'année 2255 que l'on pourra s'assurer si tel est en effet le temps de sa période.

D'après les observations faites sur sa forme, sa grandeur et sa route par tous les savants de l'Europe à son dernier passage, il ne sera pas difficile de la distinguer de toute autre, s'il en paraissait dans la même année, surtout si les observations diverses que l'on aura occasion de faire dans l'intervalle ont fait prendre à l'astronomie, sur la théorie des comètes, le degré d'avancement que l'on doit naturellement espérer.

La comète de 1680, dans un point de son passage, s'approcha de si près d'une partie de l'orbite de la terre, que si la terre se fût trouvée alors dans cette partie, sa distance de la comète n'eût pas été plus grande que la distance où elle est de la lune, et qu'elle aurait vraisemblablement souffert de ce voisinage. Celle de 1769, arrivée un mois plus tard, aurait produit un bouleversement terrible dans les eaux de la mer. Huit autres comètes passent dans leurs orbites assez près de notre globe pour lui faire craindre le même sort. Quelle idée ne devons-nous pas prendre, à cet aspect, de la sagesse qui règne dans l'ordre sublime de l'univers ! Le moindre dérangement produit dans la combinaison des attractions mutuelles du soleil et des corps dont il est le centre, un seul de ces corps arrêté pour un instant dans son cours, suffirait pour replonger tout notre monde dans le chaos, et entraîner peut-être la ruine des mondes innombrables qui nous environnent. Cependant cet équilibre admirable se soutient depuis des milliers d'années, et chaque instant de sa durée semble ajouter à sa solidité, en nous montrant une Providence éternelle qui veille sans cesse à l'entretenir. Cherchons à lire sur le front des étoiles des caractères bien plus frappants encore de sa magnificence et de sa grandeur.

LES ÉTOILES FIXES.

Les étoiles fixes sont ces astres étincelants et lumineux qui, dans la sérénité d'une belle nuit, nous paraissent répandus de tous côtés dans les régions sans bornes de l'espace céleste. On les appelle fixes, parce qu'on a remarqué qu'elles gardaient toujours entre elles la même distance, depuis l'origine des siècles, sans avoir aucun des mouvements observés dans les planètes. Elles doivent être placées à un éloignement bien prodigieux, puisque non-seulement Saturne, dont la distance de la terre est de près de trois cent vingt millions de lieues, les éclipse, mais encore que le télescope, qui grossit deux cents fois le disque apparent de Saturne, en produisant le même effet sur les étoiles, ne nous les présente cependant que comme un point presque inperceptible, parce qu'il les dépouille en même temps de ce rayonnement et de cette scintillation sans lesquels elles seraient invisibles à nos regards; en sorte que l'on soupçonne la distance de Sirius, la plus brillante des étoiles fixes, et à qui l'on donne un diamètre de trente-trois millions de lieues, capable, s'il était entre la terre et le soleil, de remplir l'intervalle qui les sépare, et de les toucher presque l'un et l'autre par ses points opposés, d'être quatre cent mille fois plus grande que celle de la terre au soleil (1).

Une autre preuve de l'éloignement incompréhen-

(1) Telle est aussi l'opinion de M. Euler. Quelque prodigieuse, dit-il, que nous paraisse la distance du soleil, dont les rayons nous parviennent cependant en huit minutes, l'étoile fixe la plus près de nous en est pourtant plus de quatre cent mille fois plus éloignée que le soleil. Un rayon de lumière qui part de cette étoile emploiera donc un temps de quatre cent mille fois huit minutes à parvenir jusqu'à nous, ce qui fait cinquante-trois mille trois cent trente-trois heures, ou deux mille deux cent vingt-deux jours, à peu près six ans. Il y a donc six ans que les rayons de l'étoile fixe, même la plus brillante, et probablement la plus proche, qui entrent dans nos yeux pour y représenter cette étoile, en sont partis, et ont employé un temps si long pour parvenir jusqu'à nous.

sible des étoiles fixes, c'est que, quoiqu'en un temps de l'année la terre, dans un point de son orbite, soit d'environ soixante-six millions de lieues plus près de certaines étoiles fixes que dans le point opposé, cependant, malgré ce rapprochement considérable, la grandeur ou la position de ces étoiles n'en est pas variée ; de manière que cette immense orbite n'est qu'un point dans la mesure de la distance, et que nous pouvons toujours nous supposer dans le même centre des cieux, puisque nous avons toujours le même aspect sensible des étoiles, sans aucune altération.

Si un homme pouvait se placer aussi près de quelque étoile fixe que nous le sommes du soleil, il verrait sans doute cette étoile de la même forme que le soleil paraît à nos yeux ; et le soleil, à son tour, ne lui paraîtrait pas plus grand que nous ne voyons actuellement cette étoile ; et en comptant de là les étoiles fixes les plus reculées, il ferait entrer notre soleil dans leur nombre, sans être capable de le distinguer.

Il est évident par là que toutes les étoiles fixes sont autant de soleils qui brillent par leur lumière propre et naturelle. Des corps qui ne feraient que nous réfléchir une lumière empruntée n'auraient, à une distance si prodigieuse, ni scintillation ni rayonnement, puisque la lune, qui n'est éloignée de nous que d'environ quatre-vingt-six mille lieues, n'en a point, et il nous serait impossible de les apercevoir, puisque les satellites de Jupiter et de Saturne sont invisibles à la simple vue.

Nous n'avons aucune raison de supposer, dit le célèbre d'Alembert, que les étoiles soient dans une même surface sphérique du ciel ; car sans cela elles seraient toutes à la même distance du soleil et différemment distantes entre elles, comme elles nous le paraissent. Or pourquoi cette régularité d'une part et cette irrégularité de l'autre ? Il me paraît en effet plus raisonnable de penser qu'elles sont répandues de toutes parts dans l'espace illimité du grand univers, et qu'il peut y avoir un aussi grand intervalle entre elles, dans la profondeur reculée des cieux, qu'entre notre soleil et une étoile fixe. Si elles nous paraissent de différentes grandeurs, ce n'est peut-être pas qu'elles soient ainsi réellement ; c'est qu'elles sont à des distances inégales de nous : celles qui sont plus proches surpassent en éclat et en grandeur apparente celles qui sont plus éloignées, dont la lumière par conséquent doit être moins vive, et qui doivent paraître plus petites à nos regards.

Les astronomes distribuent les étoiles en différentes classes. Celles qui nous paraissent les plus grandes et les plus brillantes sont appelées étoiles de la première grandeur. Celles qui en approchent le plus pour l'éclat et la masse sont appelées étoiles de seconde grandeur, et ainsi de suite jusqu'à ce que nous arrivions aux étoiles de la sixième grandeur, qui sont les plus petites qu'on puisse observer à la simple vue.

Il y a un grand nombre d'étoiles qu'on découvre à l'aide du télescope; mais elles ne sont point rangées dans l'ordre des six classes, et on les appelle seulement étoiles télescopiques. On n'y a pas fait entrer non plus celles qui ne sont distinguées qu'avec peine, et qui paraissent sous la forme de petits nuages brillants. On les appelle étoiles nébuleuses. On croit que ce sont des amas de petites étoiles fort éloignées.

Il faut observer que, quoique l'on ait compris dans l'une des six classes toutes les étoiles qui sont visibles à l'œil, il ne s'ensuit pas que toutes les étoiles répondent réellement à l'une ou à l'autre de ces classes. Il peut y avoir autant de classes d'étoiles que d'étoiles mêmes; peu d'entre elles paraissant être de la même grandeur et du même éclat.

Les anciens astronomes, afin de pouvoir distinguer les étoiles par rapport à leur position respective, ont divisé tout le firmament en constellations ou assemblages d'étoiles, composées de celles qui sont près l'une de l'autre. On les rapporte à la forme de quelques animaux, tels que des lions, des serpents, des ours, ou à l'image de quelques objets familiers, comme une couronne, une harpe, un triangle, et on leur en donne le nom, quoiqu'elles ne présentent nullement ces figures.

Les anciens avaient arrangé ces constellations dans les cieux, soit pour se retracer le cours des travaux de l'agriculture, soit pour conserver le souvenir d'un événement mémorable, soit pour éterniser le nom de leurs héros, soit enfin pour consacrer les fables de leur religion. Les astronomes modernes leur ont continué les mêmes noms et les mêmes formes, pour éviter la confusion où l'on tomberait en leur en donnant de nouveaux, lorsqu'il s'agirait de comparer les observations modernes avec les anciennes. Je vous ferai connaître dans un autre temps ces vieilles constellations et celles qu'on leur a ajoutées de nos jours. Elles ne feraient maintenant que surcharger votre mémoire et y jeter de l'embarras.

Quelques-unes des principales étoiles ont des noms particuliers, comme Sirius, Arcturus, Aldébaran, etc. Il y en a aussi d'autres qu'on n'a pas fait entrer dans les constellations, et qu'on appelle étoiles informes.

Outre les étoiles qu'on aperçoit à la simple vue, il y a un espace très remarquable dans les cieux, connu sous le nom de voie lactée. C'est cette large bande d'une couleur blanchâtre qui paraît se dérouler autour du firmament comme une ceinture : elle est formée d'un nombre infini de petites étoiles trop éloignées de nous pour être vues séparément, mais dont la lumière réunie fait distinguer cette partie des cieux qu'elles traversent.

Les places des étoiles fixes, leur situation relative et leur nombre, ont occupé de tout temps les observateurs qui ont dressé des catalogues. Le premier, qui date de cent vingt ans avant Jésus-Christ, est de mille vingt-deux étoiles. Ce catalogue a été souvent augmenté et rectifié par d'habiles astronomes, qui ont porté le nombre des étoiles au-delà de trois mille, en y comprenant celles que le télescope, ignoré des anciens, nous a fait connaître, et que l'on désigne sous le nom d'étoiles de septième grandeur.

Les observateurs les plus attentifs peuvent à peine compter quatorze cents étoiles visibles à l'œil. Cependant on serait tenté, dans une belle nuit, de les croire innombrables au premier aspect. C'est une illusion de notre vue qui naît de leur vive scintillation, et de ce que nous les regardons confusément, sans les réduire en aucun ordre. Lorsqu'on les parcourt d'un regard, l'impression des unes subsiste encore au moment où l'on va chercher les autres, et nous les répète. Un bon télescope rectifie les erreurs de notre vue. C'est alors que le spectacle des astres devient plus riche et plus vrai. On les voit, dans une multitude infinie, se répandre de tous côtés dans l'immense étendue des cieux. Telle étoile qu'on croyait simple et unique paraît double, et laisse observer entre les deux qui la composent sensiblement un intervalle que la distance ne permet pas à nos yeux de voir sans ce secours. On en a observé soixante-dix-huit dans la constellation des Pléiades, où la vue n'est pas capable d'en distinguer plus de six ou sept. Je n'ose vous dire quel nombre un observateur affirme en avoir vu dans celle d'Orion.

Les changements qui arrivent dans les corps célestes, quelque insensibles qu'ils soient pour nous à cause de la distance infinie qui nous en sépare, doivent causer dans leurs sphères des révolutions prodigieuses. Chaque siècle semble en amener de nouvelles. Il est des étoiles dont la lumière, après s'être affaiblie par degrés, s'éteint presque absolument pour briller ensuite d'un plus vif éclat ; d'autres qui s'évanouissent pendant quelques mois, et reparaissent avec une augmentation ou diminution sensible de grandeur. Un géomètre et un astronome célèbres (messieurs d'Alembert et de Lalande) ont formé là-dessus des conjectures très ingénieuses pour en appuyer l'opinion générale des philosophes sur l'existence de quelques planètes autour de ces astres, et attribuer ces changements à leur action. Je vous les ferai connaître un jour, ainsi que l'opinion de M. de Maupertuis à ce sujet.

On voit plus d'étoiles du côté du nord que du midi ; mais la partie méridionale a plus d'étoiles distinguées par leur grandeur et par leur éclat ; ce qui rétablit l'équilibre des cieux.

Vous avez peut-être observé vous-mêmes que les étoiles paraissent moins grandes et moins nombreuses dans les nuits d'été que dans les nuits d'hiver; c'est que pendant l'hiver le soleil étant enfoncé plus avant dans l'horizon, l'éclat des étoiles est moins affaibli par les reflets de sa lumière, et que l'air épuré par la gelée intercepte moins les rayons, et laisse parvenir jusqu'à notre œil ceux qui nous viennent des astres les plus éloignés.

Les personnes qui pensent que tous ces corps resplendissants n'ont été créés que pour nous donner une tremblante lueur, dérobée souvent à nos yeux par les moindres nuages, doivent concevoir une idée bien plus relevée de la sagesse divine ; car nous recevons plus de lumière de la lune seule que de toutes les étoiles ensemble. Osons nous former une image plus vaste de la divinité. Puisque les planètes sont sujettes aux mêmes lois du mouvement que notre terre, et que quelques-unes non-seulement l'égalent, mais la surpassent même de beaucoup en étendue, n'est-il pas raisonnable de penser qu'elles sont toutes des mondes habitables? D'un autre côté, puisque les étoiles fixes ne le cèdent ni en grandeur ni en éclat à notre soleil, n'est-il pas probable que chacune a un système de terres planétaires qui tournent autour d'elle, comme nous tournons autour de l'astre qui nous donne le jour, et que leur seul éloignement dérobe à nos regards?

Mais n'allons pas d'abord porter si loin notre vue. Laissons aux astronomes le soin de perfectionner leurs instruments, et d'agrandir leurs recherches pour trouver de nouveaux mondes dans les cieux : renfermons-nous dans le nôtre, entre ces corps soumis comme nous à l'empire du soleil, et dont l'observation peut être d'une si grande utilité pour le progrès de nos lumières, appliquées au globe même que nous habitons. Les étoiles, à qui les hommes ont dû le premier partage du temps pour les travaux de l'agriculture, et qui ont été pendant tant de siècles leurs guides fidèles dans leurs entreprises et leurs voyages, indépendamment des secours multipliés qu'elles nous offrent encore aujourd'hui, méritent d'intéresser vivement notre curiosité par la seule magnificence du spectacle qu'elles nous étalent. Leur nombre, leur position et leur marche, leur destination et leur nature, doivent aussi, à leur tour, être l'objet de nos considérations.

DES ÉTOILES EN GÉNÉRAL (1).

Leur nombre et leur distance à l'orbite terrestre. — Leur scintillation. — Étoiles changeantes. — Voie lactée. — Nébuleuses. — Étoile doubles. — Signes du zodiaque. — Constellations boréales et australes.

De même que le soleil, et différentes en cela des planètes, les étoiles ont une lumière propre ; et, en

(1) Extrait de l'*Astronomie de la Jeunesse*, en vente chez les mêmes éditeurs.

observant que cette lumière est pour ainsi dire stérile pour nous, nous sommes portés à considérer chacune de ces étoiles comme le centre d'un autre monde semblable au nôtre.

Comme les anciens avaient sur les phénomènes les plus communs de la nature des idées fausses et erronées, il n'est pas étonnant qu'ils aient eu, sur la nature des étoiles, des opinions bizarres et absurdes. Les uns regardaient ces astres comme des parcelles arrachées à la terre par un feu subtil qu'ils supposaient répandu dans l'espace; les autres les prenaient pour des nuages enflammés ou pour de gros charbons qui s'éteignaient le jour et s'allumaient la nuit; d'autres encore les considéraient comme des diamants attachés à la voûte céleste.

L'opinion de Descartes, qui voulait tout expliquer par ses tourbillons, n'était pas plus sensée. Il disait que le soleil et les étoiles avaient été produits dans le cercle des tourbillons par un amas de matière agitée et liquide venant de la poussière des corps.

Mais, laissons ces folles hypothèses et occupons-nous de ce qui seul est digne de notre attention.

Le nombre des étoiles est tel, qu'à la simple vue il paraît déjà illimité. Eratosthène, dont je vous ai parlé dans ma première leçon, avait d'abord compté 675 étoiles, mais Hipparque qui, le premier, commença à les classer, en porta le nombre à 1,022.

Du temps de Pline, ce nombre s'était accru jusqu'à 1,600.

Galilée entreprit de compter les étoiles avec son télescope; mais, en les voyant se multiplier pour ainsi dire à l'infini, il renonça à ce travail, et se borna à observer quelques parties les plus remarquables du ciel.

D'autres firent ce que n'avait osé faire Galilée, et l'on parvint à dresser un catalogue de 40 mille étoiles; mais, quelque fort que soit ce nombre, il n'est rien en comparaison de celui que trouva Herschel à l'aide de son grand télescope. Sans sortir de l'Angleterre, et sur un espace de ciel de 8° sur 3°, il en compta 44 mille; d'où il conclut que l'on pouvait, sans exagération, porter le nombre des étoiles à *cent millions*.

Mais, si tel est le nombre des étoiles, il faut qu'elles soient éloignées de nous à des distances pour ainsi dire infinies. En effet, on n'a encore remarqué en elles aucune parallaxe sensible, quoique l'on ait pris pour base du triangle l'énorme diamètre de l'orbite terrestre, qui est de près de 69 millions de lieues. Cette base suffit pour faire changer le lieu de Saturne de 6°, et elle ne produit aucun changement sur les étoiles. Ainsi, un observateur placé dans une étoile, même dans l'une de celles qui sont le plus près de nous, ne verrait le diamètre de notre orbite que comme un point. Mais, si la parallaxe est insensible, la distance des étoiles peut être considérée comme infinie, et c'est ainsi que le considèrent les savants.

Cassini avait cru trouver à Sirius une parallaxe de 6 secondes, d'où il faudrait conclure que sa distance est de 630 millions de lieues. Piazzi soupçonna pareillement à la Lyre 2 secondes de parallaxe; donc, cette étoile serait à plus de 3,500 millions de lieues. Mais, des observations récentes ont démontré que Sirius et la Lyre n'avaient pas même un dixième de seconde; et, MM. Delambre et Méchain, après avoir observé l'étoile polaire à six mois de distance, c'est-à-dire aux deux extrémités de l'orbite terrestre, ne lui ont point trouvé de parallaxe appréciable.

Si maintenant nous voulons juger du volume des étoiles par leur distance, nous serons forcés d'admettre que ce volume dépasse tout ce que l'imagination peut se représenter. Si le diamètre du soleil ne paraît pas plus grand que celui de la lune, quoique le premier soit 50 millions de fois plus gros que la seconde, quelle doit être la grosseur de quelques étoiles qui, malgré leur éloignement, brillent pour nous d'une lumière si vive et si éclatante !

On n'a rien de fixe sur le diamètre apparent des étoiles; on a remarqué seulement que, dans les occultations de ces astres par la lune, ils disparaissent presque instantanément aussitôt qu'ils ont touché le disque du satellite. Mais, supposons pour un moment que le diamètre apparent d'une étoile soit d'une seconde, nous pourrions dire hardiment que cette étoile, placée entre le soleil et la terre, toucherait l'un et l'autre.

Ce qu'il y a de curieux, c'est que les plus forts télescopes ne produisent aucun changement dans le diamètre apparent des étoiles, quoiqu'ils amplifient considérablement les objets que l'on considère avec leur secours, comme le soleil et les planètes, c'est-à-dire que ces objets paraissent considérablement plus rapprochés. Ils n'augmentent pas le moins du monde l'image des étoiles; elle paraît même plus petite qu'à l'œil nu, comme si ce n'était qu'un point mathématique.

Si, à la simple vue, les étoiles nous paraissent avoir un diamètre apparent sensible, cela est dû à l'irradiation qui, comme je vous l'ai dit il y a quelques jours, nous représente un corps lumineux d'autant plus grand que sa lumière est plus vive.

Le télescope détruit en grande partie cette illusion de nos sens, et l'étoile la plus grande en apparence n'est plus pour nous que comme un point qui échappe à toutes les mesures.

La présence du soleil sur l'horizon efface la lumière des étoiles, parce que ses rayons frappent trop vivement nos yeux pour qu'ils soient sensibles à une moindre clarté. La lune produit le même effet, mais plus faiblement; aussi, n'est-ce qu'aux époques de la nouvelle lune que le ciel étoilé paraît le plus beau. Mais, pourvu que le firmament soit serein, nous pouvons voir les étoiles en plein jour avec un bon télescope; nous pouvons même alors les voir sans lunette en les regardant du fond d'une cave profonde ou par une longue cheminée, où les rayons du soleil n'entrent qu'en faible quantité. Mais, c'est particulièrement dans les éclipses totales de soleil que les étoiles deviennent visibles à l'œil nu.

Un des caractères distinctifs auxquels on reconnaît les étoiles et les planètes, est la différence que l'on remarque dans la clarté de ces deux espèces d'astres. La lumière des planètes est immobile comme celle de la lune : celle des étoiles est agitée, elle *scintille*. Je vous ai déjà expliqué cette différence dans mes leçons de météorologie, elle provient uniquement de l'inégalité de réfraction des rayons lumineux dans l'atmosphère. La scintillation des étoiles qui nous les représente comme douées d'un mouvement d'oscillation, est d'autant plus sensible qu'elles sont plus petites. Dans les planètes, au contraire, dont le diamètre est beaucoup plus grand, ce phénomène est tellement faible qu'on peut le considérer comme nul. C'est ainsi que dans une eau agitée, l'image d'un édifice est entière, tandis que celle d'un mât est brisée. Au Pérou, et sur les bords

du golfe Persique, où l'air est peu chargé de vapeurs, on ne remarque pour ainsi dire point de
scintillation, même dans les étoiles, si ce n'est en
hiver.

On distingue les étoiles, en étoiles *fixes* proprement dites, en étoiles *changeantes*, en *voie lactée*,
en *nébuleuses*, en *étoiles doubles* et en *éphémères*.

La dénomination qu'on a donnée aux premières
suffit pour nous apprendre que ces étoiles gardent
constamment et la même position dans le ciel et la
même apparence.

On nomme *étoiles changeantes* celles dont la lumière n'a pas toujours la même intensité, mais aug-
mente ou diminue à des périodes plus ou moins
régulières. On a cherché de bien des manières différentes à expliquer ces variations, et le champ est
encore ici livré à toutes les conjectures que peut
faire l'esprit humain. Quelques astronomes ont
pensé que les étoiles changeantes perdaient leur
clarté par l'interposition des planètes que l'on peut
supposer circuler autour d'elles, d'où résulterait
pour nous une éclipse partielle de l'astre. D'autres
croient que ces étoiles ont un mouvement de rotation comme le soleil, et que leur surface est couverte de grandes taches qui, se présentant périodi-
quement de notre côté, affaiblissent leur éclat. Il en
est d'autres enfin qui disent que la forme de ces
étoiles n'est pas sphérique, mais considérablement

aplatie, et que la surface que nous voyons étant tantôt plus grande, tantôt plus petite, elle doit nous paraître plus brillante dans le premier cas et moins dans le second.

Cette dernière hypothèse ne s'accordant pas avec la forme qu'affectent tous les corps de notre monde planétaire, et que nous remarquons dans les corps liquides isolés dans l'espace, tels que les gouttes de pluie et de métal fondu qui sont sensiblement sphériques, nous sommes portés à la rejeter et à nous arrêter à l'une ou à l'autre des deux premières, quoique la seconde me paraisse mériter la préférence.

On a observé la période de ces changements dans la lumière de quelques étoiles. On l'a trouvée, pour les unes, de quelques jours seulement; pour d'autres, elle est de plusieurs années.

C'est à cette classe d'étoiles qu'appartiennent celles qui renaissent après avoir totalement disparu. On en a vu plusieurs de cette espèce, entre autres une qui ne restait jamais une année de suite visible.

On a donné le nom de *voie lactée* à une bande irrégulière et blanchâtre qui traverse le firmament. Je ne m'arrêterai point sur l'origine de ce nom, vous la trouverez dans les traités de mythologie. Pour le peuple d'aujourd'hui, c'est le *chemin de Saint-*

Jacques, et cette dénomination, quoiqu'elle soit plus chrétienne, n'est pas plus fondée que la première.

La voie lactée n'est autre chose que l'amas d'un nombre infini d'étoiles qui échappent à l'œil nu, et que l'on ne peut distinguer, à cause de leur rapprochement, qu'avec de forts télescopes. Elle traverse le ciel en coupant l'écliptique vers les deux solstices, et s'en écarte ensuite d'environ 60° du nord au midi.

Herschel a compté jusqu'à 116 mille de ces étoiles qui, dans l'espace d'un quart d'heure et sur une largeur du ciel de 2° 1/2, ont passé par le champ de son télescope.

Quant à la distance qui sépare ces étoiles entre elles, de ce qu'elles nous paraissent pour ainsi dire se toucher et former comme un réseau, il ne faudrait pas conclure qu'elles sont aussi rapprochées qu'elles nous paraissent. L'éloignement seul produit cette illusion. Ainsi, de deux étoiles que nous croirons se toucher, l'une peut être à quelques centaines de millions de lieues derrière l'autre.

En-dehors de la voie lactée, on aperçoit quelques petites taches blanchâtres qui ressemblent à des nuages légers et diaphanes. Ces petites blancheurs sont, comme la voie lactée, des amas d'étoiles, et leur apparence leur a fait donner le nom de *nébuleuses;* de sorte que l'on peut considérer la voie lactée elle-même comme une nébuleuse qui ne diffère des autres que par son étendue.

Quand on regarde les nébuleuses avec un télescope, le nuage disparaît en partie et n'existe plus que pour les plus petites étioles, sur lesquelles nos meilleurs instruments n'ont plus la moindre prise.

La forme ronde que présentent ces groupes d'étoiles, a fait soupçonner à Herschel que ces corps sont comme autant de soleils obéissant à l'action d'un pouvoir central, et ce qui semble confirmer cette opinion, c'est qu'ils sont d'autant plus accumulés qu'ils sont plus voisins du centre du groupe. L'astronome anglais a examiné jusqu'à 3,300 nébuleuses. Aujourd'hui on en connaît environ 5,000.

Parmi les étoiles, on en distingue quelques-unes qui semblent non-seulement se toucher, mais encore tourner l'une autour de l'autre. On les appelle *étoiles doubles*. Les principales sont celles du Cygne, du Serpent, des Gémeaux, du Lion, de la Vierge et d'Hercule. Que sont ces astres et d'où vient leur mouvement? c'est encore ce qu'on ne saurait dire, et il est difficile même d'établir à ce sujet aucune hypothèse.

Mais, quelque curieuses que soient ces étoiles, elles le sont moins que celles qui, après s'être montrées à nous avec une splendeur éblouissante, se sont éteintes pour ne plus se ranimer, et que l'on désigne pour cette raison par le nom d'*éphémères*.

Telle fut l'étoile que Tycho aperçut tout-à-coup, en 1572, dans la constellation de Cassiope, et qui égalait en éclat Jupiter et Vénus, même à leur périgée. On la voyait en plein jour, et elle conserva sa splendeur pendant près de deux ans, sans qu'on remarquât en elle le moindre changement de position ou de configuration. A la fin, sa couleur, jusqu'alors si blanche, devint rougeâtre comme celle de Mars, puis plombée comme celle de Saturne, jusqu'à ce qu'elle s'éteignît entièrement.

On fit bien des conjectures à l'égard de cette étoile ; quelques-uns même crurent qu'elle annonçait une seconde venue du Messie. Quant à sa nature, on ne peut douter que ce fût une véritable étoile, car elle scintillait comme les autres étoiles, et il fut impossible à Tycho de lui trouver de parallaxe.

On reconnut les mêmes caractères à une autre étoile qui parut subitement et dans tout son éclat, en 1604. Elle était blanche et parfois un peu rouge. Trois mois après son apparition, elle commença à s'obscurcir, et au bout d'un an, elle disparut entièrement.

En parlant des ces étoiles éphémères, M. de la Place soupçonne que de grands incendies ont lieu à leur surface, et ce soupçon se confirme aux yeux de l'illustre savant par le changement de couleur, analogue à celui que nous offrent sur la terre les corps que nous voyons s'enflammer et s'éteindre.

Mais nous pouvons aussi attribuer ce phénomène à l'action des torrents magnétiques qui peuvent se développer avec plus d'énergie dans certaines circonstances, et rentrer ensuite dans leur premier état.

Outre le mouvement de rotation que l'analogie nous porte à admettre dans les étoiles, et que semblent prouver les variations périodiques que subit l'intensité de la lumière dans les étoiles changeantes, on croit qu'elles ont encore un mouvement de translation qui les emporte dans l'espace infini qui nous environne. En effet, plusieurs étoiles de première grandeur ont changé de position dans le ciel. Ce changement ne peut être remarqué dans la courte durée de la vie humaine, mais il devient sensible dans l'intervalle des siècles.

Quelques astronomes ont donné aux étoiles un orbite et un centre d'attraction. Mais alors, notre système planétaire peut se trouver dans le même cas, et nous pourrions voyager avec le soleil, et sans que que nous nous en doutions, vers des régions inconnues. Telle est du moins l'opinion de Herschel, qui prétend que nous sommes portés vers la constellation d'Hercule. Mais rien, jusqu'à présent, n'a justifié cette opinion; nos descendants, en comparant leurs observations aux nôtres, sauront peut-être si elle est fondée ou non.

Le nombre pour ainsi dire infini des étoiles ne permettant pas de donner à chacune d'elles un nom particulier, on les a classées en groupes que l'on appelle *astérismes* ou plus communément *constellations*.

On les réunit d'abord par des lignes droites, ensuite par des lignes courbes représentant des figures d'hommes, d'animaux, de fleurs, etc. Ces figures se tracent sur la sphère comme les mers et les continents qui forment notre globe, et cette sphère est ce qu'on appelle la *sphère céleste*.

Les Chaldéens comptaient déjà trente-six constellations, et les Grecs d'Alexandrie quarante-neuf. Mais les modernes augmentèrent encore ce nombre. A mesure qu'ils avançaient vers le pôle austral, ils apercevaient des étoiles inconnues jusqu'alors et qu'il fallait grouper comme celles du pôle boréal; de sorte que le nombre des constellations est aujourd'hui de cent.

Quant au choix des dénominations qu'on a données à ces groupes, il faudrait, pour l'expliquer, recourir à la mythologie et vous entretenir de fables lorsque je ne dois vous entretenir que de vérités.

D'un autre côté, comme il serait difficile de retrouver la position d'une étoile, même en connaissant la constellation à laquelle elle appartient, on divise encore les étoiles en douze classes, en raison de leur éclat; et on les nomme étoiles de *première*, de *deuxième*, de *troisième grandeur*, et ainsi de suite,

.0.

jusqu'à la douzième. Celles des six premières classes se distinguent facilement à l'œil nu, ce sont les
seules que connaissaient les anciens ; les autres exi-
gent une grande habitude d'observation, ou ne peuvent être aperçues qu'au moyen d'un télescope.

Sur les sphères célestes, on distingue ces différentes étoiles par des formes particulières ; à peu
près comme sur les cartes géographiques, on désigne
par des caractères particuliers les chefs-lieux de
préfecture, d'arrondissement et de canton. L'astronome Bayer eut l'idée de donner en outre, à chaque
étoile de chaque groupe, une lettre grecque, et cette
méthode aussi simple qu'ingénieuse a été généralement adoptée.

On compte 24 étoiles de première grandeur ; je ne
citerai que les principales, en vous parlant des groupes auxquels on les a inscrites.

Toutes les constellations ne sont pas visibles à la
fois pour nous. Mais celles que nous ne voyons pas
aujourd'hui, nous les verrons dans six mois, comme
je vous l'ai déjà dit dans une de mes précédentes leçons. Il faut en excepter toutefois les constellations
qui avoisinent le pôle austral, et qui ne deviennent
visibles qu'après qu'on a dépassé l'équateur.

Les cent constellations qu'ont adoptées ou formées les modernes sont ou *zodiacales*, au nombre
de douze, ou *boréales*, au nombre de quarante-
cinq, ou *australes*, au nombre de quarante-trois.

Les douze premières que nous ont léguées les anciens, sont ce qu'on appelle les *douze signes du zodiaque*. Le mot *zodiaque*, mot tiré du grec *Zôdion*, *animal*, est une bande céleste correspondant à l'écliptique, et par conséquent oblique à l'équateur, qu'elle coupe aux points des équinoxes. Elle a environ 170 degrés de largeur, c'est-à-dire 8° 1/2 de chaque côté de l'écliptique.

Les douze constellations qui forment le zodiaque étaient considérées par les anciens comme des *demeures* où le soleil s'arrêtait une fois par an. En effet, par suite du mouvement de la terre qui produit un mouvement apparent dans les étoiles, le soleil passe successivement par toutes ces constellations et demeure dans chacune d'elles pendant un mois environ.

Voici leurs noms et les mois auxquels elles correspondent.

Signes septentrionaux.

Le Bélier. . . .	Mars.	L'Écrevisse. . .	Juin.
Le Taureau. . .	Avril.	Le Lion. . . .	Juillet.
Les Gémeaux. .	Mai.	La Vierge. . .	Août.

Signes méridionaux.

La Balance. . .	Septembre.	Le Capricorne. .	Décembre.
Le Scorpion. . .	Octobre.	Le Verseau. .	Janvier.
Le Sagittaire. .	Novembre.	Les Poissons. .	Février.

Pour ceux de vous, mes enfants, qui connaissent la langue latine, je vais vous apprendre deux vers latins faciles à retenir, et qui nous présentent les douze signes dans l'ordre que le soleil les parcourt. Les voici :

Sunt Aries, Taurus, Gemini, Cancer, Leo, Virgo,
Libraque, Scorpius, Arcitenens, Caper, Amphora, Pisces.

L'ordre des signes est d'occident en orient. Le soleil entre dans le Bélier à l'équinoxe du printemps ; il passe dans l'Ecrevisse ou le Cancer au solstice d'été, dans la Balance à l'équinoxe d'automne, et enfin dans le Capricorne au solstice d'hiver.

C'est dans les mêmes signes que se meuvent toutes les planètes, en exceptant toutefois Cérès, Pallas et Vesta, dont les orbites sont inclinées à l'écliptique d'une quantité beaucoup plus grande que les autres.

Les signes ou les constellations du Bélier, de l'Ecrevisse, de la Balance, du Sagittaire, du Capricorne et des Poissons n'offrent rien de particulier.

Le Taureau, le symbole du labourage chez les anciens, a pour œil une superbe étoile de première grandeur, nommée *Aldebaran*, et qui, avec plusieurs autres, forme un V. Ce groupe d'étoiles que l'on voit sur la face du Taureau, était appelé par les Grecs les *Hyades*, parce qu'elles leur annonçaient la pluie. Un peu au-dessus et sur l'épaule, se trouvent les *Pléiades*, ainsi nommées parce que, paraissant au mois de mai, elles indiquaient le temps propre à la navigation. Du temps d'Hésiode, ces deux groupes divisaient l'année rurale.

Les Gémeaux se distinguent par deux étoiles de second ordre, mais fort belles, *Castor et Pollux*, d'où est venue la dénomination même donnée à ce signe.

Le Lion a deux étoiles de première grandeur, l'une à la queue, l'autre au cœur. C'est cette dernière qu'on appelle *Régulus*.

La Vierge n'en a qu'une, nommée l'*Epi de la Vierge*.

Le Scorpion a pour cœur *Antarès*, étoile de première grandeur. Ce signe, l'emblème des maladies dangereuses chez les Egyptiens, était regardé par tous les peuples de l'antiquité comme le plus effrayant des douze.

Le Verseau n'est remarquable que par une file de petites étoiles qui sortent de son urne, et qui se termine par une étoile de première grandeur, du nom de *Fomalhaut*.

Passons maintenant à celles des constellations boréales qui méritent une mention particulière.

La plus belle est la *Grande-Ourse*. Elle comprend sept étoiles qui, par leur voisinage du pôle, ont fait donner à la partie du ciel qu'elles occupent le nom de *Septentrion* (*septem triones*).

La *Petite-Ourse* est encore plus voisine du pôle que la grande, elle a aussi sept étoiles, quoique moins éclatantes que les premières. A l'extrémité de la queue se trouve l'*Etoile polaire*, ainsi appelée parce qu'elle est très près du pôle; et c'est autour d'elle que paraissent tourner toutes les autres étoiles de notre hémisphère, qui ne se couchent jamais pour nous.

Le *Bouvier* offre une très belle étoile de première grandeur : c'est *Arcturus*.

Près de cette constellation est la *Chevelure de Bérénice*, groupe de petites étoiles très rapprochées. Voici la singulière origine de cette dénomination : Bérénice, reine d'Egypte, avait fait vœu de se raser la tête, si son époux, Ptolémée Evergète, revenait victorieux. Sa prière ayant été exaucée, elle fit ce qu'elle avait promis et consacra sa chevelure aux dieux, dans le temple de Vénus. Mais, le lendemain, la chevelure avait disparu; et pour calmer le courroux du roi, un astronome, nommé Conon, lui fit croire qu'elle avait été emportée au ciel, où Vénus l'avait métamorphosée en constellation.

Parmi les constellations australes, on distingue particulièrement celles d'Orion et du Grand-Chien.

Orion est la plus belle, non-seulement de l'hémisphère austral, mais de tout le ciel. Elle se compose d'un grand quadrilatère qui a deux étoiles du premier ordre et deux du second. Les deux premières sont, l'une à l'épaule, l'autre au pied, qu'on appelle *Rigel*. Au milieu du quadrilatère sont trois autres

étoiles de la seconde grandeur et assez bien espa-
cées en ligne droite. C'est la *Ceinture d'Orion*, plus
connue du vulgaire sous le nom des *Trois Rois*. Au-
dessous, est une rangée de trois étoiles moins brillantes et très voisines, qui forment l'*Epée*. C'est
dans les nuits sereines de l'hiver qu'on admire particulièrement cette constellation : et il n'est personne
qui n'ait été frappé de l'aspect des trois étoiles de la
ceinture.

Si Orion est la plus remarquable des constellations, la plus belle des étoiles est *Sirius*, apparte-
nant au Grand-Chien, à la gauche d'Orion.

Le lever héliaque (avec le soleil) de Sirius était
chez les anciens l'annonce des chaleurs et des maladies qui en sont les suites. C'est sous ce redoutable
aspect que nous l'ont présenté Virgile et tous les
poètes. Encore aujourd'hui, cette étoile, plus connue sous le nom de *Canicule*, est, aux yeux des gens
simples, comme un astre dont il faut craindre les fu-
nestes influences. Mais vous devez parfaitement
bien comprendre que cette étoile est aussi inof-
fensive que les autres. Le seul tort qu'elle ait, c'est
de coïncider avec les grandes chaleurs de l'été. Si
elle était placée ailleurs, on se serait borné à l'ad-
mirer, et on ne lui aurait point donné de qualités
malfaisantes.

Dans l'*Hydre* on ne remarque que le cœur, et dans
le *Navire* que *Canopus*, la plus brillante des étoiles

après Sirius; mais cette dernière est invisible dans nos climats.

Ce serait ici le lieu de vous parler de la *précession des équinoxes, de la nutation* et de *l'aberration de la lumière;* mais, outre que ces choses vous paraîtraient difficiles à comprendre, elles ne peuvent avoir aucun intérêt pour vous, et je les passerai par conséquent sous silence.

DES MARÉES.

On a donné le nom de *marée* au mouvement que l'on remarque dans les grandes mers deux fois par jour. Pendant environ six heures, les eaux de l'Océan s'élèvent et font remonter celles des fleuves vers leurs sources; c'est ce qu'on appelle le *flux.* Elles restent quelques instants stationnaires, après quoi elles descendent durant environ six autres heures, ce qui forme le *reflux.* Après un nouvel instant de repos, elle remontent de nouveau, et ainsi de suite. Le moment où le reflux atteint sa plus grande élévation, se nomme la *haute mer,* et la fin du reflux a reçu le nom de *basse mer.*

Ce phénomène exerça longtemps l'imagination des savants. Pythéas le premier, en examinant l'accord qui règne entre la marée et le mouvement de la lune, soupçonna que cette planète y jouait un rôle, mais il était réservé à Newton de changer ce oupçon en certitude, en appliquant aux eaux de la mer les lois de la pesanteur universelle.

En admettant que l'attraction terrestre agit sur la lune et la retient dans son orbite, il faut que la lune à son tour agisse sur notre globe.

Plus une mer est vaste, plus le phénomène des marées est sensible ; aussi, est-il presque nul dans la Méditerranée. La quantité d'eau qui afflue par le détroit de Gibraltar, n'étant pas assez grande pour hausser le niveau de cette mer, il faudrait que la lune restât quelque temps stationnaire dans le méridien. La même chose se remarque dans la mer Baltique. Dans la mer Rouge, au contraire, le flux et le reflux sont bien sensibles, parce que cette mer est très resserrée, et que, par contre, l'ouverture qui la fait communiquer à la grande mer des Indes est très large.

Il y a ensuite des circonstances locales qui influent beaucoup sur les marées. C'est ainsi qu'à Brest la marée est retardée de 3 heures 1/2 ; à Saint-Malo, de 6 heures ; et à Dieppe, de 10 heures 1/2 ; et pourtant ces trois villes sont situées sur la même côte.

Les marées, pour un même lieu, varient aussi selon le plus ou moins d'éloignement de la lune, son plus ou moins d'élévation. Elles sont les plus fortes quand le soleil et la lune se trouvent en conjonction ou en opposition.

C'est le temps des *syzygies*, autrement dit des pleines lunes et des nouvelles lunes. Les plus petites marées, au contraire, ont lieu à l'époque des *quadratures*, c'est-à-dire du premier et du dernier quartier de la lune. La raison en est facile à comprendre. Dans les syzygies, l'attraction du soleil se joint à celle de la lune; dans les quadratures, au contraire, elle tend à la neutraliser. Cependant, elle n'est jamais capable de la neutraliser entièrement; car, vu la différence des distances du soleil et de la lune, l'action du premier est quatre fois moindre que l'action de la seconde.

Ce n'est que dans les syzygies et quand la lune est à son périgée, que les marées peuvent être à craindre pour les habitants des côtes. Lorsque, avec cela, les eaux de la mer sont poussées par les vents dans l'intérieur des terres, elles peuvent y causer des inondations et des dégâts.

DE LA MESURE DU TEMPS.

De tous les services que l'astronomie a rendus aux hommes, le premier et le plus important est la *mesure du temps*. Comme nous ne pouvons avoir l'idée du temps que par le mouvement, on s'est servi, dès la plus haute antiquité, de la révolution des astres, comme nous nous servons aujourd'hui, pour apprécier les plus petites parties du temps, des horloges et des pendules.

On appelle en général *jour* le temps qui s'écoule entre deux passages successifs du soleil au même méridien. Mais les astronomes, qui appellent ce jour *solaire*, en ont encore un autre qu'ils appellent *sidéral*, et qui est le temps qu'emploie une étoile pour revenir pareillement au même méridien. L'heure sidérale est toujours d'égale durée, car la rotation de la terre est uniforme; il n'en est pas de même de l'heure solaire, parce que la terre, dans sa révolution autour du soleil, marche tantôt plus vite tantôt plus lentement. L'heure solaire que nous donne le cadran est ce qu'on appelle le *temps vrai*, et l'heure qu'indique une bonne horloge est ce qu'on nomme le *temps moyen*. Le temps vrai ne coïncide avec le temps moyen que quatre fois par an : le 4 avril, le 15 juin, le 30 août et le 23 décembre; de sorte qu'à tous les autres jours de l'année, l'horloge et le cadran solaire ne s'accordent point.

Quant au commencement du jour, tous les peuples ne l'ont pas placé au même instant. Les Babyloniens le comptaient du lever du soleil, les Juifs et les Athéniens de son coucher. Nous, nous le comptons à partir de minuit.

La difficulté de faire accorder le mouvement du soleil est cause que les anciens ne pouvaient s'entendre sur la grande division du temps en mois et en années; aussi, leur chronologie nous offre-t-elle un dédale inextricable.

Les Egyptiens faisaient tous les mois de trente jours invariablement, et pour compter l'année, ils ajoutaient aux douze mois cinq jours appelés complémentaires.

Les Juifs avaient une autre période luni-solaire de 600 ans, qui ramenait le soleil et la lune au même point du ciel.

Les Grecs, après bien des variations dans la manière de supputer le temps, adoptèrent enfin le cycle de Méton, auquel on donna le nom pompeux de *nombre d'or*. Ce cycle était formé de 19 années solaires pendant lesquelles il s'écoulait 19 années lunaires et 7 mois ou 7 lunaisons intercalaires. Ce fut Méton lui-même qui, après un voyage en Egypte et en Chaldée, vint le présenter à l'assemblée de ses compatriotes, qui le reçurent avec enthousiasme.

Outre cette période de 19 ans, les Grecs en avaient une autre de quatre ans, qu'ils nommaient *Olympiade*, parce que la première de ces quatre années coïncidait avec les Jeux Olympiques. La première Olympiade date de l'année 776 avant J.-C. Quant au mois, les Grecs le divisaient en décades ou dizaines de jours.

Les Romains ne comptaient d'abord que 304 jours dans l'année, qui n'avait que dix mois et qui commençait au premier mars pour finir avec le mois de décembre. Les dénominations de *Septembre, Octobre, Novembre* et *Décembre* qu'on a conservées indiquent encore que ces mois étaient le 7e, le 8e, le 9e et le 10e de l'année. Mais Numa y ajouta les deux mois de janvier et de février, en mettant le premier à la fin et le second au commencement de l'année.

Les mois romains avaient le même nombre de jours que les nôtres; mais les jours n'étaient pas comptés de même.

Sur la fin de la République, il régnait une telle confusion dans les dates, que Jules César crut devoir y mettre un terme. Il fit venir Sosigène d'Alexandrie et le chargea de réformer le calendrier.

L'année fut fixée à 365 jours; mais, comme on négligeait ainsi tous les ans un quart de jour, il fut décidé qu'on donnerait à chaque quatrième année un jour de plus, ce qui faisait 366 jours. Ce jour intercalaire fut placé au mois de février, à la suite du sixième jour avant les calendes de mars. Il y avait ainsi deux *sixième jour avant les calendes*. Au premier on disait *sexto calendas* et au second *bis sexto calendas*. L'année dans laquelle se faisait l'intercalation s'appela pour cette raison *bissextile*, et ce nom lui est resté jusqu'à ce jour.

Mais l'année *solaire*, c'est-à-dire le temps qui s'écoule d'un solstice ou d'un équinoxe à l'autre étant de 11'. 10". plus courte que l'année *civile* telle que l'avait établie Jules César, il arriva qu'en 1582 on était de 10 jours en retard sur le temps véritable. Pour remédier à cet état de choses, le pape Grégoire XIII fit une nouvelle réforme du calendrier.

Ce changement laisse encore quelque chose à désirer ; mais on ne pouvait faire mieux, et c'est à peine si l'on sera obligé de retrancher encore un jour bissextile tous les 4,000 ans.

Le calendrier grégorien, ainsi nommé du nom de son réformateur, fut aussitôt adopté par tous les Etats catholiques ; mais les Etats protestants furent longtemps à suivre le mouvement.

Il n'y a plus aujourd'hui que les Russes et les Grecs qui suivent encore le calendrier Julien. Comme aujourd'hui, leur année commence douze jours après la nôtre ; on ajoute aux dates, quand il est besoin, les termes de *vieux* ou de *nouveau style*, selon qu'il s'agit de l'année julienne ou de l'année grégorienne ; et, dans la correspondance, on a coutume de marquer les deux dates à la fois. Ainsi 17 *janvier* désigne le 17 janvier des Russes, et le 29 du même mois chez les autres peuples chrétiens.

FIN.

TABLE.

FIN DE LA TABLE.

Limoges. — Imp. Eugène ARDANT et Cⁱᵉ.

www.ingramcontent.com/pod-product-compliance
Lightning Source LLC
LaVergne TN
LVHW011001180726
843502LV00004B/1277